农作物病虫害识别与绿色防控丛书

西瓜主要病虫害识别与绿色防控

高新菊　王恒亮　吴绪金

河南科学技术出版社
·郑州·

图书在版编目（CIP）数据

西瓜主要病虫害识别与绿色防控 / 高新菊，王恒亮，吴绪金主编. —郑州：河南科学技术出版社，2023.10

ISBN 978-7-5725-1347-3

Ⅰ. ①西… Ⅱ. ①高… ②王… ③吴… Ⅲ. ①西瓜—病虫害防治 Ⅳ. ①S436.5

中国国家版本馆CIP数据核字（2023）第200459号

出版发行：河南科学技术出版社

地址：郑州市郑东新区祥盛街27号　　邮编：450016

电话：（0371）65737028　　65788613

网址：www.hnstp.cn

策划编辑：陈淑芹　陈　艳　编辑信箱：hnstpnys@126.com

责任编辑：陈淑芹

责任校对：尹凤娟

封面设计：张德琛

责任印制：张艳芳

印　　刷：河南瑞之光印刷股份有限公司

经　　销：全国新华书店

开　　本：890 mm × 1 240 mm　1/32　　印张：4.5　　字数：120千字

版　　次：2023年10月第1版　　2023年10月第1次印刷

定　　价：29.80 元

《西瓜主要病虫害识别与绿色防控》

编写人员

主　　编：高新菊　王恒亮　吴绪金

副 主 编：李　萌　邵欣欣　周　娟　郑　念
　　　　　周国勤　秦艳红　赵俊卿　祖均怀

编写人员：高新菊　王恒亮　吴绪金　李　萌
　　　　　邵欣欣　周　娟　郑　念　周国勤
　　　　　秦艳红　赵俊卿　祖均怀　关祥斌
　　　　　王雪芹　刘大兵　丁　聪　肖　月
　　　　　骆倩文　施　艳　杨　雪　张水林
　　　　　康利允　高宁宁　潘秀燕

前言

近年来，在农业供给侧结构性改革和消费需求的拉动下，我国西瓜种植产业迎来良好的内外环境和机遇，在政策扶持、科技支撑、技术进步和市场流通等方面实现良性发展，逐步形成了品牌化、绿色化、高效化的西瓜生产体系。据 2020 年统计，我国西瓜种植面积为 152.81 万公顷，消费量为 6 239.65 万吨，伴随着农业种植结构进一步优化调整，预计西瓜栽培面积将进一步增长。

西瓜在生产过程中受到多种生物和非生物因素的影响，其中病虫害的发生与流行直接影响西瓜的产量和品质，成为限制西瓜产业发展的重要因素。发生频率高、为害严重的西瓜病虫害有 20 余种，常见的西瓜病害有枯萎病、炭疽病、白粉病、疫病等，害虫有小地老虎、蚜虫、红蜘蛛、蛴螬等。面对种类繁多、为害严重的病虫害，基层农技人员和农民群众缺乏识别能力和诊断能力，往往错过最佳防治时机，造成不必要的经济损失。因此，我们在认真总结以往经验的基础上，编写了《西瓜主要病虫害识别与绿色防控》。本书介绍了植物病虫害的特点和一般发生规律，并图文并茂地详细介绍了西瓜主要病虫害的分布、症状（形态）特征、发生规律及绿色防控技术，旨在为西瓜病虫害防治提供高效、安全的植保技术指导，从而实现西瓜产业的绿色高效和可持续发展。

由于水平有限，书中如有错误及疏漏之处，敬请广大读者批评指正。

编者

2022 年 8 月

目录

第一部分　植物病害与识别诊断

植物在生长过程中，由于受到病原生物或不良环境条件的持续影响，正常的生理功能受到严重干扰和破坏，在生理上和外观上表现出异常，首先生理机能发生改变，进一步组织形态发生改变，使植物呈现出病态。植物发生病害后，植株内外表现出不正常的症状，包括病状和病征，及时准确地诊断识别病害，提出合适的高效防控措施控制病害，是减少病害损失的前提。植物病害分为侵染性病害和非侵染性病害两大类。

一、病害发生的原因

植物在生长发育和贮藏运输过程中，受到外界不良环境因素的影响或有害生物的侵染，正常的生理机能受到破坏或干扰而引起植物病害。植物发生病害会经过生理、组织或形态上不断变化并持续发展的过程。

1. 植物病害的病原　病原在植物病害发生过程中起直接作用，决定病害的特点与性质，引起植物病害的病原包括生物性病原和非生物性病原。生物性病原包括原生动物界的根肿菌、假菌界的卵菌、真菌界的多种真菌、细菌界的细菌和植原体、非细胞形态病毒界的病毒和类病毒、动物界的线虫以及植物界的寄生性植物等。非生物性病原，如不适宜的物理、化学等非生物因素，直接或间接引起植物病害。

2. 病害三角关系　植物病害需要病原物、寄主植物和一定的环境条件这三者配合才能发生，三者相互依存、缺一不可。任何一方的变化均会影响另外两方，这三者之间的关系称为“病害三角”或“病害三要素”。不适宜的环境条件不仅是非侵染性病害的病原，同时又是侵染性病害的重要诱因。非侵染性病害降低了寄主植物的抗病性，可促进侵染性病害的发生。植物发生侵染性病害后，可促进非侵染性病害发生。二者相互促进，往往导致病害加重。

二、病状和病征的识别

（一）病状识别

病状是发病植物在病变过程中的不正常表现，其特征比较稳定且具有特异性。常见病状可归纳为变色、坏死、腐烂、萎蔫、畸形五大类型，具体表现形式和识别要点见表 1–1。

表 1–1　病状的表现形式和识别要点

病状类型	表现形式	发生原因及特点
变色	褪绿	叶绿素减少，使整个植株或叶片均匀褪色而呈浅绿色
	黄化	整株或部分叶片的叶绿素很少或不能形成，形成较多叶黄素
	白化	整株或叶片不能形成叶绿素和其他色素，表现白色
	红叶	叶片的花青素积累过多而表现红色或紫红色
	银叶	叶表皮与叶肉细胞间产生空隙，叶色呈均匀银白色
	花叶	叶片色泽浓淡不均，呈嵌镶状，变色部分轮廓清晰，形状不规则
	斑驳	变色同花叶，但变色斑较大，轮廓不清晰；发生在花朵上称碎色，发生在果实上称花脸
	明脉	叶肉绿色，叶的主脉与支脉褪绿呈明显半透明状
	沿脉变色	沿叶脉两侧一定宽度叶片区域色泽变浅、变深或变黄色
	条纹、线纹、条点	多为单子叶植物的脉间花叶；与叶脉平行呈长条形变色称条纹，短条形变色称线纹，虚线状变色称条点
	环斑、环纹	在植物表面形成单环或同心环状变色称环斑，不形成全环状变色称环纹

续表

病状类型	表现形式	发生原因及特点
坏死	病斑（斑点）	根据颜色可分为褐斑、灰斑、黑斑、白斑和紫斑等；根据形状可分为角斑、圆斑、梭形斑、条斑和不规则形斑等；根据大小可分为大斑和小斑；根据表面花纹可分为轮纹斑、环斑和网斑
	蚀纹	叶的表皮组织出现的类似环斑、环纹或不规则线纹状坏死纹
	穿孔	叶片的局部组织坏死后脱落
	枯焦	早期发生的斑点迅速扩大或愈合成片，最后使局部或全部组织或器官死亡
	叶枯	叶片较大面积枯死、变褐
	叶烧	叶尖和叶缘大面积枯死、变褐
	日烧	由于太阳辐射而引起植株局部死亡、变褐
	疮痂	病斑上增生木栓层，表面粗糙或病斑死后生长不平衡而发生龟裂
	溃疡	木本植物的枝干皮层坏死，病部凹陷，周围木栓化组织增生，使木质部外露
	梢枯	木本植物茎的顶部坏死，多发生在枝条上
	顶尖坏死	草本植物茎的顶部坏死
	立枯	植株幼苗的茎基部组织坏死，上部表现萎蔫以至于死亡后立而不倒
	猝倒	植株幼苗的茎基部组织坏死，上部表现萎蔫以至于死亡后迅速倒伏
腐烂	干腐	组织解体较慢，水分能及时蒸发使病部组织干缩
	湿腐	组织解体较快，水分未能及时蒸发使病部保持潮湿状态
	软腐	中胶层受到破坏，组织的细胞离析后又发生细胞的消解
萎蔫	生理性萎蔫	植物因失水量大于吸水量而引起的枝、叶萎垂，吸水量增加时可恢复
	青枯	植物因根、茎维管束组织受害而发生的全株或局部迅速失水死亡，但仍保持绿色
	枯萎	植物因根、茎维管束组织受害而发生的凋萎现象，重者枯死
	黄萎	植物因根、茎维管束组织受害而发生的凋萎现象，叶片变黄，重者枯死

续表

病状类型	表现形式		发生原因及特点
畸形	增生	徒长	植株局部细胞体积增大，较正常的植株生长高大
		发根	根系分支明显增多，形如发状
		丛枝	整株茎节缩短，枝条过度分支呈扫帚状，俗称疯枝
		瘤瘿	发病组织局部细胞增生，形成不定形的畸形肿大
		矮缩	节间生长发育受阻使植株不成比例地变小、变矮
		矮化	植株各器官生长发育受阻，生长成比例地受抑制，整株矮缩而株形保持不变
	变态	卷叶	叶片两侧沿主脉平行方向向上或向下卷曲，叶片较厚，硬而脆
		缩叶	叶片沿主脉垂直方向向上或向下卷曲
		皱缩	叶脉生长受抑制，叶肉仍然正常生长，使叶片凹凸不平
		蕨叶	叶片发育不均衡，细长、狭小，形似蕨类植物叶形
		花变叶	花的各部分变形、变色，花瓣变为绿色，呈叶片状
		缩果	果面凹凸不平
		袋果	果实变长呈袋状，膨大中空，果肉肥厚呈海绵状

（二）病征识别

病征是病原物在寄主植物发病部位的表现特征，由于病原物不同，病征或大或小、或显著或不显著，具有各种形状、颜色和特征，只有一部分病原物引起的病害具有病征。病征是否出现及其明显程度受环境条件影响很大，但一经表现即相当稳定。常见病征可分为 6 种类型，见表 1–2。

表 1–2　植物病害常见病征类型

病征类型	表现形式	特点	病原物
霉状物	霜霉	生于叶片背面病斑内或茎、叶病组织上，下部较稀疏，上部密集交叉的白色至紫灰色霉状物	霜霉菌
	绵霉	在高湿条件下于病部产生的白色、疏松、棉絮状霉状物	茄绵疫病菌
	霉层	除霜霉和绵霉外的霉状物，按色泽不同分别称为灰霉、青霉、绿霉、黑霉和赤霉等	灰霉病菌、青霉病菌
粉状物	锈粉	病部表皮下形成隆起病斑，病斑破裂后散出铁锈状或灰白色粉末	锈菌、白锈菌
	白粉	植物表面长出灰白色绒状霉层后产生的大量白色粉末状物	白粉菌
	黑粉	在植物被破坏的组织或肿瘤内部产生的大量黑色粉末状物	黑粉菌
点状物	黑色或褐色小点	植物表皮下产生的大小、色泽和排列各不相同的点状结构，突破或不突破表皮，多为黑色或褐色，也有其他颜色	菌物的繁殖体
核状物和线状物	菌核、菌索	在植物体表或茎秆内髓腔中产生的似鼠粪、菜籽或植物根系状物，多为黑褐色	紫纹羽病菌、菌核病菌
伞状物和马蹄状物	伞状或马蹄状	植物发病的根或枝干上长出的伞状或马蹄状结构，常有多种颜色	桃木腐病菌
溢脓	脓状物	植物病部溢出的含有细菌菌体的脓状黏液，多呈露珠状，或散布为菌液层，白色或黄色，干燥时形成菌膜或菌胶粒	桃细菌性穿孔病菌

植物病害会因为植物的品种、生育期、发病部位和环境条件的不同而表现出不同的症状，多数病害的症状表现相对稳定，根据典型症状的特点区分植物病害种类，分析发生的原因，是诊断植物病害的常用方法。植物病害症状出现后，由于环境条件改变或使用农药治疗后，

症状逐渐减退直至消失，出现隐症。植物病害的症状对于病害诊断有着重要意义。由于植物病害症状表现的复杂性，对新的病害或不常见的病害不能单凭症状进行诊断，需要进一步鉴定病原物。

三、生物性病原及其病害识别

（一）病原菌物

植物病原菌物是一类具有细胞核、无叶绿素、不能进行光合作用并且营异养的有机体。

1. 菌物的形态 菌物的形态有营养体和繁殖体两种。菌物在生长发育过程中可分为营养和繁殖两个阶段，分别形成各种形态的营养体和繁殖体。

2. 菌物的生活史 菌物的生活史是指菌物的孢子经过萌发、生长和发育，最后又产生同一种孢子的过程。菌物的典型生活史包括有性阶段和无性阶段，菌物不完全生活史只有无性阶段而无有性阶段。

在菌物生活史中，有些菌物可产生几种不同类型的孢子，如在典型的锈菌生活史中可以产生 5 种不同类型的孢子。有些菌物单主寄生，有的菌物需要转主寄生。

3. 植物病原菌物的主要类群 植物病原菌物主要有根肿菌门菌物、卵菌门菌物、接合菌门菌物、子囊菌门菌物、担子菌门菌物、半知菌类菌物等。

（二）植物病原原核生物

原核生物是一类细胞核 DNA 无核膜包裹、一般由细胞膜和细胞壁或只有细胞膜包围的单细胞生物。植物病原原核生物包括有细胞壁的细菌和放线菌，以及无细胞壁但有细胞膜的植原体和螺原体。

1. 植物病原原核生物的一般性状 植物病原细菌的一般形态为球状、杆状或螺旋状，多为单生，也有双生、串生和聚生的。细菌以裂殖方式进行繁殖，其突出的特点是繁殖速率极快，在适宜的环境条件下，每 20 ~ 30 min 就可以裂殖 1 次。细菌依靠细胞膜的渗透作用直接吸收寄主体内的营养，同时分泌各种酶使不溶性物质转为可溶性物质以供其吸收利用。植物病原细菌绝大多数为好气性，少数为兼性厌气性，一般在中性偏碱的环境中生长良好。

2. 原核生物病害的特点　植物病原细菌一般在植物病株或残体上越冬，主要通过雨水飞溅、流水、昆虫、线虫、风和带病原细菌的种苗、接穗、插条、球根或土壤等进行传播。细菌不能直接侵入植物，只能通过气孔、水孔、皮孔和蜜腺等自然孔口或伤口侵入。伤口包括风雨、冰雹、冻害和昆虫所致的自然伤口，以及耕作、施肥、嫁接、收获和运输形成的人为伤口。

一般细菌病害症状多为坏死、腐烂、萎蔫或畸形，变色症状较少；同时，病斑初期多有半透明水渍状或油渍状晕圈出现，后期空气潮湿时有菌脓溢出。植原体病害症状多为病株矮化、丛生、小叶或黄化。

（三）植物病毒

病毒是一种不具有细胞结构，由核酸和蛋白质或脂蛋白外壳组成的具有侵染活性的能在细胞内寄生的病原物。多数植物病毒粒体为球状、杆状和线条状，少数为弹状、杆菌状和双联体状，还有些病毒呈丝线状且柔软不定形。植物病毒的主要成分是核酸和蛋白质，还有水分和矿物质元素等。核酸是病毒的遗传物质，主导病毒的感染、增殖、遗传和变异。病毒经过生物、化学和物理等因素的作用形成新株系后，可在粒体形状、蛋白质衣壳中氨基酸的成分、传播特性、致病力、寄主范围和致病症状的严重程度等方面发生改变，这些性状变异了的病毒增加了选育抗病毒品种和防治病毒病害的困难。

1. 植物病毒的分类与命名　类病毒是一类没有蛋白质外壳仅有单链 RNA 分子的寄生物，是目前已知最小的植物病原物。类病毒可以通过农具和嫁接刀具等机械接种传播。在自然界中，多数类病毒靠营养繁殖传播，有些可经种子或花粉传播。重要园艺植物病毒及其主要性状见表 1–3。

表 1–3　重要园艺植物病毒及其主要性状

病毒	形态和大小	钝化温度	传播方式	症状表现	寄主范围
菜豆金色花叶病毒（BGMV）	双生颗粒状，（18 ~ 20）nm × 30 nm	50 ~ 55 ℃	昆虫、机械、嫁接	黄化、曲叶、花叶、明脉、叶脉增厚、矮化	锦葵科和豆科中的蝶形花亚科
黄瓜花叶病毒（CMV）	球状，直径约29 nm	55 ~ 70 ℃	蚜虫、汁液接触、部分可种传	花叶（基本症状）、蕨叶（番茄）、坏死斑	1 000多种单子叶和双子叶植物
烟草环斑病毒（TRSV）	球状，直径约28 nm	50 ~ 65 ℃	线虫、种子、机械	斑点、斑驳、坏死、褪绿环斑、矮化、生长点坏死	烟草、黄瓜、菜豆、苹果、李属、葡萄和天竺葵等300多种植物
马铃薯Y病毒（PVY）	线状，11 nm × 684 nm（或730 nm）	50 ~ 62 ℃	蚜虫、机械、种子	花叶、皱缩、坏死条斑、明脉、斑驳、脉带、卷叶、坏死	茄科、藜科和豆科的60多种植物
南方菜豆花叶病毒（SBMV）	球状，29.4 ~ 32.8 nm	90 ~ 95 ℃	甲虫、种子	褪绿斑驳、花叶	菜豆和豇豆等豆科植物
烟草花叶病毒（TMV）	直杆状，8 ~ 300 nm	93 ℃左右	汁液接触	花叶、明脉、疱斑、畸形	烟草、番茄和辣椒等

2. 植物病毒的传播和侵染　植物病毒是严格的细胞内专性寄生物，既不能主动离开寄主植物活细胞，也不能主动侵入寄主细胞或从植物的自然孔口侵入。除花粉传染的病毒外，植物病毒只能依靠介体或非介体传播，从传毒介体或机械损伤所造成的、不足以使细胞死亡的微伤口侵入。植物病毒的传播和侵染可分为：昆虫和螨类介体传播、线虫和菌物传播、种子和其他繁殖材料传播、嫁接传播、汁液传播（机械传播）等。

病毒通过各种方式侵入寄主植物体后，在植物体内的分布因病毒种类和寄主植物而不同。一般在植物旺盛生长的茎尖和根尖分生组织中很少含有病毒。利用病毒在植物体内分布的这个特点，将茎端进行组织培养，可以得到无病毒的植株。

3. 植物病毒病害的症状　绝大多数病毒侵入寄主植物后可以引起植物叶片不同程度的斑驳、花叶或黄化。同时，寄主植物伴随不同程度的矮化、丛枝、卷叶、皱叶和蕨叶等症状，以及产量的降低。少数病毒还能在叶片或茎秆上造成局部坏死或肿瘤等增生症状；寄主植物还可以表现隐症、协生和拮抗现象或病毒潜伏侵染等多种复杂的症状类型。

（四）植物病原线虫

1. 线虫的特征　线虫是一类低等的无脊椎动物，植物受线虫为害后表现的症状与一般病害的症状相似。同时，植物寄生线虫对植物的破坏作用主要通过分泌有毒物质和夺取营养的方式完成，与昆虫取食植物差别较大。因此，习惯上把植物寄生线虫作为病原物来研究。植物线虫绝大多数雌雄同体，呈蠕虫状，长0.2～1.0 mm，也有长达3 mm的，宽0.015～0.035 mm。线虫无色、不分节，虫体结构较简单，体壁几乎是透明的。植物寄生线虫的口腔内都有口针，是线虫侵入寄主植物体内并获取营养的工具。线虫的生殖系统非常发达，1条线虫在一生中可产卵500～3 000个，卵通常为椭圆形。在适宜条件下，线虫完成1代一般只需3～4周，多数线虫1年可以完成多代，少数线虫1年只完成1代。

线虫一般是通过人为的传带、种苗的调运、风和灌溉水以及耕作农具的携带等进行远距离传播。植物寄生线虫在土壤中有许多天敌，有寄生线虫的原生动物，有吞食线虫的肉食性线虫，有些土壤菌物的菌丝体可以在线虫体内寄生。

线虫寄生植物的方式有外寄生和内寄生两种。在取食过程中线虫除分泌唾液外，有时还分泌毒素或激素类物质，造成细胞的死亡或过度生长。此外，线虫所造成的伤口常常成为某些病原菌的侵染入口，从而给植物带来更为严重的损失；线虫还可传播病毒。

2. 植物病原线虫的主要类群 世界上有记载的植物病原线虫有260多属5 700多种。重要病原线虫及其所致病害的特点见表1–4。

表1–4 重要病原线虫及其所致病害的特点

重要种类	寄主范围	所致病害的特点
鳞球茎茎线虫	300种以上植物	为害茎、块茎、球茎、鳞茎或叶片；引起坏死、腐烂、变色、畸形或肿瘤
马铃薯茎线虫	马铃薯、甘薯	薯块表皮龟裂，内部干腐、空心；茎蔓、块根发育不良，短小或畸形，严重者枯死
南方根结线虫、爪哇根结线虫	多种单子叶和双子叶园艺植物	根部形成根瘤，严重时整个根系肿胀成鸡爪状；植株生长衰退
草莓滑刃线虫、菊花叶线虫	草莓、菊花	为害植物的叶、芽、花、茎和鳞茎，引起叶片皱缩、枯斑，花畸形、死芽、茎枯、茎腐和全株畸形等
标准剑线虫、美洲剑线虫	多种单子叶和双子叶园艺植物	根尖肿大、坏死、木栓化；标准剑线虫传播葡萄扇叶病毒，美洲剑线虫传播烟草环斑病毒和番茄环斑病毒
长针线虫	多种单子叶和双子叶园艺植物	根部寄生，引起根尖肿大、扭曲和卷曲等畸形；有些种类传播植物病毒

四、非生物性病原及其病害识别

在植物生长发育过程中，环境中不适宜的物理因素、化学因素和空气污染、毒害，以及植物自身的生理缺陷或遗传性疾病等，都会导致非生物性病原引起的病害。

（一）营养失调

营养失调包括营养缺乏、各种营养间的比例失调或营养过量，可以诱使植物表现出各种病状。造成植物营养元素缺乏的原因有多种，一是土壤中缺乏营养元素；二是土壤中营养元素的比例不当，元素间的拮抗作用影响植物吸收；三是土壤的物理性质不适，如温度过低、水分过少、pH值过高或过低等。在大量施用化肥、农药的地块，在连续频繁的保护地栽培等情况下，土壤中大量元素与微量元素的不平衡日益突出，在这种土壤环境中生长的作物会表现出营养失调症状。土壤中某些营养元素含量过高对植物生长发育也不利，甚至会造成严重伤害。营养元素缺乏或过量症状查对见表 1–5。

表 1–5 营养元素缺乏或过量症状查对表

营养元素缺乏症状	元素种类	营养元素过量症状
新叶淡绿色，老叶黄化枯焦，茎短而细；植株早衰，成熟提早，产量降低	氮（N）	茎叶暗绿色，徒长，成熟延迟；抗病力下降
新叶暗绿色，常呈红色或紫色，茎短而细；生育期延迟	磷（P）	植株变矮，叶变肥厚；成熟提早，产量降低
叶杂色或脉间失绿，叶尖及边缘先焦枯并出现坏死斑点；症状随生育期延长加重，早衰	钾（K）	引起镁缺乏症
脉间失绿，叶小簇生，坏死斑点大而普遍出现于叶脉间，最后出现于叶脉，叶厚，茎短，植株矮小；生育期延迟	锌（Zn）	褐色斑点；表现铁、锰缺乏症
叶杂色，有时呈红色，脉间明显失绿，出现清晰网状脉纹，茎细	镁（Mg）	—
新叶边缘先变褐或干枯，初呈钩状，不易伸展，严重时茎生长点死亡；节间缩短，矮小，组织柔软；根系不发达，根尖停止伸长	钙（Ca）	表现锰、铁、硼、锌缺乏症
新叶基部浅绿色，叶扭曲、粗、脆、易碎，茎尖生长点受抑甚至死亡；节间缩短，花器发育不正常，花蕾脱落，果实发育不良；生育期延迟	硼（B）	抑制种子萌发，引起幼苗死亡；叶片变黄、枯焦，植株矮化
生长点变黄、变弱、细长，新叶黄化，失绿均匀；生育期延迟	硫（S）	—
新叶边缘缺绿或脉间失绿，缺绿组织易碎、向上弯曲，甚至凋萎	锰（Mn）	叶先端生褐色或紫褐色小斑；表现铁、钼缺乏症

续表

营养元素缺乏症状	元素种类	营养元素过量症状
新叶萎蔫、褪绿、畸形及叶尖枯死，植株纤细；双子叶植物叶片卷曲，植株凋萎，叶片易折断，叶尖呈黄绿色；果树发生顶枯、树皮开裂、流胶	铜（Cu）	根伸长停止；表现铁缺乏症
先是脉间失绿，后叶片逐渐变白，叶脉变黄，致叶片死亡	铁（Fe）	表现锰缺乏症
叶片褪绿黄化，出现橙色斑点；严重时叶缘萎蔫、枯焦坏死；阔叶植物叶缘向上卷曲呈杯状	钼（Mo）	—

（二）环境污染

空气、水源、土壤和酸雨的污染对不同植物的为害程度不同，引起的症状也不同。环境污染物种类、污染来源、敏感植物及引起的主要症状见表 1–6。

表 1–6　环境污染物种类、污染来源、敏感植物及引起的主要症状

污染物种类	污染来源	敏感植物	主要症状
臭氧（O_3）	空气中的光化学反应或风暴中心等	烟草、菜豆、石竹、菊花、矮牵牛、丁香、柑橘等	叶面产生褪绿及坏死斑，有时植株矮化，提前落叶
二氧化硫（SO_2）	煤和石油的燃烧、天然气工业和矿石冶炼等	豆科植物、辣椒、菠菜、南瓜、胡萝卜、苹果、葡萄、桃等	生长受抑，低浓度导致叶缘及叶脉间产生褪绿的坏死斑点，高浓度使脉间漂白
氢氟酸（HF）	铝工业、磷肥制造、钢铁厂和制砖业等	唐菖蒲、郁金香、石竹、杜鹃、桃、蚕豆和黄瓜等	双子叶植物的叶缘或单子叶植物的叶尖产生枯焦斑，病、健交界处产生红棕色条纹

续表

污染物种类	污染来源	敏感植物	主要症状
过氧酰基硝酸盐（PAN）	空气中的光化学反应和内燃机的废气等	多种植物对其敏感，特别是菠菜、番茄、大丽花和矮牵牛等	叶漂白，叶背呈铜褐色
氮化物（NO_2、NO）	内燃机废气，天然气、石油或煤燃烧等	菜豆、番茄、马铃薯、杜鹃、水杉、黑杉和白榆等	幼嫩叶片的叶缘变红褐色或亮黄褐色，低浓度时只抑制植物的生长而无症状表现
氯化物（Cl_2、HCl）	精炼油厂、玻璃工业和塑胶焚化等	月季、郁金香、百日草、紫罗兰和菊花等	主要为害新叶，在叶脉间产生边缘不明显的褪绿斑，严重时，全叶变白，枯卷，脱落
乙烯（C_2H_4）	汽车废气，煤、油燃烧，以及后熟的果实等	石竹、东方百合、兰花、月季和金盏菊等	偏上性生长，叶片早衰，植株矮化，花、果减少

（三）药害

在植物上施用化学农药时，选用种类不当、施用方法不合理、使用时期不适宜、施用浓度过高等均可对植物造成伤害。

（四）肥害

化肥施用不适时或施用方法不当，常常会导致肥害。脱水型肥害是因一次性施用化肥过多，或施肥后因土壤水分不足导致肥料溶液浓度过大，引起作物细胞内水分反渗透，造成作物的脱水，多表现萎蔫，似霜冻或开水烫状，轻者影响生长发育，重者全株死亡。熏伤型肥害是在气温较高时施用氨水、碳酸氢铵等肥料，产生大量氨气对作物造成的伤害，轻者使植株下部叶尖发黄、影响生长发育，重者全株枯死。烧种型肥害是施用种肥量过多，或用过磷酸钙、易挥发的碳酸氢铵以及尿素、石灰氮等化肥拌种出现的烧种，可导致缺苗。另外，在进行叶面施肥时，使用的浓度过大，也会造成叶片烧伤。

（五）水分供应失调

植物在长期水分供应不足的情况下，生长受到抑制，各种器官的体积减小、质量减少和品质变劣，导致植株矮小细弱。缺水严重时，可引起植株萎蔫、叶缘焦枯等，造成落叶、落花和落果，甚至整株凋萎枯死。

土壤水分过多，会影响土温的升高和土壤的通气性，使植物根系活力减弱，甚至受到毒害，引起烂根，植株生长缓慢，下部叶片变黄、下垂，落花、落果，严重时导致植株枯死。水分供应不均或变化剧烈时，可引起根菜类、甘蓝及番茄果实开裂，或使黄瓜畸形、番茄发生腐病等。

（六）气温过高或过低

高温可使光合作用迅速减弱、呼吸作用增强、糖类积累减少、生长减慢，有时使植物矮化和提早成熟，也常使植物的茎、叶、果等组织产生灼伤。保护地栽培通风散热不及时，也常造成高温伤害。

低温对植物为害也很大。0 ℃以上的低温所致的植物病害称冷害。一些喜温植物以及热带、亚热带和保护地栽培的植物易受冷害，当气温低于 10 ℃时，就会出现变色、坏死和表面斑点等常见冷害症状，木本植物则出现芽枯、顶枯。植物开花期遇到较长时间的低温也会影响结实。0 ℃以下的低温所致植物病害称冻害，主要是幼茎或幼叶出现水渍状暗褐色的病斑，之后组织逐渐死亡，严重时整株植物变黑、枯干、死亡。土温过低往往导致幼苗根系生长不良，引起瓜类等作物幼苗“沤根”，更容易遭受根际病原物的侵染。

剧烈变温对植物的影响往往比单纯的高温和低温的影响更大。如昼夜温差过大，可以使木本植物枝干发生灼伤或冻裂，这种症状常见于树干的向阳面。

（七）光照不适

光照不足通常导致植物徒长，影响叶绿素的合成和光合作用，使植株黄化、植物组织脆弱，容易发生倒伏和受到病原物的侵染。光照过强常与高温和干旱结合，引起日灼病和叶烧病。

光照长短不适宜，还可以延迟或提早长日照植物或短日照植物的开花和结实，甚至导致植物不能开花结实，给生产造成严重损失。

五、病害的发生发展及预测

（一）影响植物病害的发生发展的因素

植物病害的发生是寄主植物与病原在一定环境条件下相互作用的复杂过程，病原物、寄主植物和环境条件是构成植物病害并影响其发生发展的基本因素。

1. 病原物　病原物的寄生性是病原物从寄主植物活体内获取营养物质而生存的能力。按照它们从寄主活体获得营养能力的大小，可以把病原物分为专性寄生物和兼性寄生物两种类型。

病原物的致病性是指病原物所具有的破坏寄主和引起病害的能力。致病性表现在对寄主体内养分和水分的大量掠夺与消耗，同时分泌各种酶、毒素、有机酸和生长刺激素等，直接或间接地破坏植物细胞和组织，使寄主植物发生病变。

2. 寄主植物　寄主植物在病害发生过程中为病原物提供必要的营养物质及生存场所。植物对外界环境中有害因素都有一定的抵抗和忍耐能力，当植物的抵抗能力超过某一因素的侵害能力时，病害就不能发生。

抗病性是寄主植物抵御病原物的侵染及侵染后所造成的损害的能力，是植物与病原物在进化过程中相互适应和选择的结果，是由植物的遗传特性决定的。不同植物对病原物表现出不同程度的抗病能力，可划分为免疫、抗病、耐病、感病、避病等类型。

3. 环境条件　环境条件是指直接或间接影响寄主及病原的一切生物和非生物条件。环境条件一方面直接影响病原物，促进或抑制其生长发育，另一方面影响寄主的生活状态及其抗病性，当环境条件有利于病原物而不利于寄主时，病害才能发生和发展。

（二）病害的侵染过程

病害的侵染过程是指从病原物与寄主接触、侵入到寄主发病的过程。侵染是一个连续性的过程，一般将侵染过程分为侵入前期、侵入期、潜育期和发病期 4 个时期。

1. 侵入前期 侵入前期指病原物到达寄主植物表面或附近，受到寄主分泌物的影响，向寄主运动并产生侵入结构的时期。侵入前期病原物的活动主要有被动活动和主动活动两种方式。

2. 侵入期 侵入期指病原物从侵入到与寄主建立寄生关系的时期。

病原物的侵入途径因其种类不同而异，主要有伤口侵入、自然孔口侵入和直接侵入 3 种途径。病原物侵入所需时间一般是很短的，植物病毒和一部分病原细菌接触寄主即可侵入。侵入所需的个体数量在不同病原物间差异很大，有些真菌、细菌、线虫等都可以借助单个接种体侵染，而有些病原物则需要一定数量的个体才能成功侵染。在影响病原物侵入的各种环境条件中，湿度最重要，它影响萌发和侵入的速度，温度影响孢子能否萌发和侵入，光照等对病原物的侵入也有一定影响。

3. 潜育期 潜育期指从病原物与寄主建立寄生关系到寄主开始表现明显症状的时期。植物病害潜育期的长短不一，潜育期的长短与病害是否流行有密切关系。潜育期短，在一个生长季节中重复侵染的次数就会增加，病害就容易大规模发生。

潜育期是病原物和寄主植物斗争最激烈的时期。一般寄主植物生长健壮，抗病力增强，潜育期相应延长。在环境条件中，温度对潜育期的影响最大，温度越接近病原物要求的最适温度，潜育期越短，反之则越长。

4. 发病期 发病期指从寄主出现症状到寄主生长期结束，甚至植物死亡为止的一段时期。发病期是病原物大量繁殖、扩大为害的时期。许多病害症状不仅表现在病原物侵入和蔓延的部位，有时还可以影响到其他部位，甚至引起整株植物的死亡。在湿度较大的条件下，大多数病原真菌和细菌引起的病害扩展速度较快，并在病部产生大量的繁殖体或营养体，造成病害大面积流行。

（三）病害的侵染循环

病害的侵染循环是指侵染性病害从一个生长季节开始发生到下一个生长季节再度发生的过程。它包括病原物的越冬和（或）越夏、病原物的传播以及病原物的初侵染和再侵染等环节，切断其中任何一个环节，都能达到防治病害的目的。

1. 病原物的越冬和（或）越夏　病原物的越冬和（或）越夏是病原物在一定场所度过寄主休眠阶段保存自己的过程。不同病原物的越冬、越夏场所和方式各异。

2. 病原物的传播

（1）主动传播：如真菌的游动孢子和细菌均可借助鞭毛在水中游动，线虫在土壤中蠕动，真菌外生菌丝或菌索在土壤中生长蔓延，某些真菌孢子主动向空间弹射等，由于传播距离较短，仅对病菌的传播起一定的辅助作用。

（2）被动传播：被动传播是病原物传播的主要形式。在自然因素中，以风、雨、流水、昆虫和其他动物传播的作用最大；在人为因素中，以种子和种苗的调运、农事操作和农业机械的传播最为重要。

3. 病原物的初侵染和再侵染　有些病害在一个生长季节内只有初侵染。有些病害在一个生长季节内可以发生多次再侵染，在田间逐步扩展蔓延，由少数中心病株发展到点片发生，进一步扩展蔓延导致普遍流行。

（四）病害的流行

1. 病害流行的基本因素

（1）感病寄主植物大面积集中种植：种植感病品种是病害发生和流行的先决条件，病害在感病品种上潜育期短、病原形成繁殖体量大、病害循环周转率快（对于多循环病害），只要环境条件适宜，病害就容易流行。在农业规模经营和保护地栽培中，往往在特定的地区大面积种植单一作物甚至单一品种，特别有利于病害的传播和病原物的增殖，常导致病害大流行。

（2）致病性强的病原物大量存在：当病原物致病性强、数量大时才能造成广泛的侵染。致病性强的病原物产生大量繁殖体后，必须借助有效介体和动力在短期内传播和扩散到寄主体上，才能引起病害的流行。

（3）有利于发病的环境条件：同一环境因素既影响寄主植物，同时又影响病原物。当环境条件特别是气象、土壤和耕作栽培条件有利于病原物的侵染、繁殖、传播和越冬时，则不利于寄主的抗病性。生物介体传播的病害则还需介体数量大或繁殖快。这些有利于发病的环境条件都会促进病害的流行。

2. 病害流行的主导因素 病害流行是植物群体、病原群体、环境条件和人类活动等多因素相互作用的结果，这些因素的强度或数量都各自在一定幅度内变化，从而导致病害流行程度的变化。

3. 病害流行的类型 单循环病害指在病害循环中只有初侵染而没有再侵染，或者虽有再侵染但作用很小的病害。这类病害多为种子或土壤传播的全株性或系统性病害。防治单循环病害，消灭初始菌源很重要，除选用抗病品种外，田园卫生、土壤消毒、种子清毒、拔除病株等措施都有良好防效。即使当年发病很少，也应采取措施抑制菌量的逐年积累。

多循环病害指在一个生长季中病原物能够连续繁殖多代，可以发生多次再侵染的病害。这类病害多为气流、雨水或昆虫传播的叶部病害。绝大多数是局部侵染的，寄主的感病期长，病害的潜育期短。防治多循环病害主要是种植抗病品种，采用药剂防治和农业防治措施，降低病害的增长率。

4. 病害流行的时间变化 植物病害的流行是一个发生、发展和衰退的过程。

（1）季节变化：病害流行的季节变化指在1年或1个生长季节内，病害从开始发生到严重发生或流行，再到逐渐衰退的过程。

在 1 个生长季中只有 1 个发病高峰的病害，若最后发病达到或接近饱和（100%），寄主群体亦不再生长，如黄瓜霜霉病等，则其流行曲线为最常见的 S 形曲线，其流行过程可划分为始发期、盛发期和衰

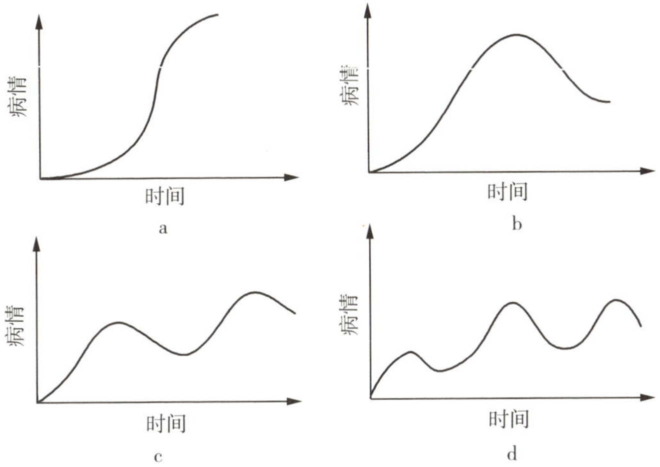

图 1-1　病害季节流行曲线的常见形式
a. S 形曲线　b. 单峰曲线　c. 双峰曲线　d. 多峰曲线

退期。病害季节流行曲线的常见形式见图 1-1。

始发期：又称指数增长期，指从田间开始发病到发病数量（发病率或病情指数）达到0.05为止的时期。始发期病情增长慢，持续时间长，病情增长绝对数量很小，但增长速率最大。

不同的多循环病害或同一病害在不同的发病条件下，可有不同类型的季节流行曲线。如果发病后期因寄主植物抗病性增强，或气象条件不利于病害继续发展，但寄主植物仍继续生长，以至于新生枝叶发病轻，流行曲线呈单峰曲线（马鞍形），如大白菜白斑病等。有些病害在一个生长季节中由于环境变化或寄主植物阶段抗病性变化而出现两个或两个以上的高峰，形成双峰或多峰曲线。

（2）年份变化：一种病害在同一地区的流行程度和损失情况因年份而异。根据病害的流行程度和损失情况可划分为大流行、中度流行、轻度流行和不流行等类型。一种植物病害在某一区域的大流行，一般是流行的主导因素发生剧烈变化所致。

5. 病害流行的空间变化

（1）气传病害：气传病害的空间变化主要受气流和风的影响。本地初侵染源在发病初期，田间会出现明显的发病中心；再侵染由发病中心向外扩展，距离和方向取决于风向和风速。空间流行过程是一个由点、片到面的传播过程。病害在田间的分布呈核心分布，但在初始菌量大、再侵染不重要时也会呈随机或均匀分布。外地初侵染源在发病初期呈随机分布或均匀分布，之后逐渐传播，普遍发病。

（2）土传病害：土传病害自然传播距离较短，主要受田间耕作和灌溉等农事活动以及线虫等生物介体活动的影响，一般传播距离较短，有发病中心或发病带。

（3）虫传病害：虫传病害的传播距离和效能主要取决于传病昆虫介体的种群数量、活动习性与能力，以及病原物与介体昆虫间的相互关系。一般距离初次侵染源越近，发病越严重，之后扩展、蔓延，普遍发病。

（五）病害发生预测

寄主植物、病原物和环境条件是构成植物病害并影响其发生发展的基本因素。菌量、气象条件、栽培条件和寄主植物的生育状况等成为预测病害流行的重要依据。

1. 根据菌量预测　单循环病害的侵染概率较为稳定，受环境条件影响较小，主要根据越冬菌量预测发病数量。多循环病害有时也可以利用菌量作为预测因子。

2. 根据气象条件预测　气传病害和多循环病害的流行受气象条件影响很大，在寄主植物与病原菌条件具备时，适宜的气象条件往往是病害流行的主导因子。有些单循环病害的流行程度取决于初侵染期间的气象条件，可以利用气象条件预测。

3. 根据菌量与气象条件预测　许多病害的流行程度主要根据越冬菌量和气象条件（主要是发病期的降水情况）来预测。病情调查预测法是通过田间普查或定点调查，在掌握发病始期及数量的基础上，结合气象（主要是降雨）预报，预测病害当年的流行程度。

4. 根据菌量、气象条件、栽培条件和寄主植物的生育状况预测　对有些病害的预测除应考虑菌量和气象因素外，还要考虑栽培条件以及寄主植物的生育期和长相、长势。

观测圃预测法是针对本地区为害严重的某些病害，在观测圃内种植一定数量感病寄主和当地普遍栽培的作物品种。观测圃内的感病品种容易发病，由此可以较早地掌握病害开始发生的时期和条件，有利于及时指导大田普查。观测圃内的当地普遍栽培的品种，可以了解大田的正常病情，了解病情发展的快慢，推断病害可能发生为害的程度，作为指导防治的依据。

六、病害诊断方法

植物病害诊断是病害科学高效防治的重要依据。通过病害诊断判断植物发病原因、确定病原类型和病害种类，一般常见植物病害根据其症状特点即可判断，但在多数情况下，须按照规定的程序和要求，通过田间调查和病原鉴定等工作明确致病因素从而做出正确诊断。

（一）田间诊断

根据植物受害发展变化的过程、症状特点和病征有无，区别是虫害、伤害还是病害。若确定是病害，再进一步通过观察病害分布情况以及调查病害发生时间，对可能影响病害发生的气候、地形、地势、土质、肥水、农药和栽培管理条件等进行综合分析，根据经验或查阅有关文献对病害做出初步判断，找出病害发生的原因，诊断是侵染性病害还是非侵染性病害。

（二）症状观察

植物发生病害，应从症状等表型特征来判断病因，确定病害种类。对具有典型症状的植物病害，在田间即可做出正确诊断。对有些症状不够典型、无法直接判断的病害，应做进一步诊断。

（三）病原鉴定

不同的病原可以产生相似的症状，而相同的病原也可导致不同的症状，同时，植物的种类和环境条件也会影响症状的表现，因此，对有些病害需要进行病原物鉴定才能确诊。先通过显微镜观察、人工接种、营养诊断和治疗试验等确定病原物类型，在排除非生物性病原的可能性之后，再进行生物性病原的鉴定。生物性病原鉴定是将病原物种类与已知种类的形态特征、生物学特性和生理生化反应等进行详细比较，以确定其科学名称。

（四）确定病害的病原物

通过科赫法则的4个步骤完成诊断与鉴定。步骤如下：

（1）在某种植物病害上常伴有一种病原微生物存在。

（2）该微生物可在离体的或人工培养基上分离纯化而得到纯培养。

（3）将纯培养的微生物接种到相同品种的健株上，可诱发出与原来相同症状的病害。

（4）从接种发病的植物上能再分离到其纯培养物，性状与接种物相同。

进行上述4步鉴定工作得到确实的证据，就可以确认该微生物即为这种植物病害的病原物。但有些病原物，如病毒、类菌原体、霜霉菌、白粉菌和一些锈菌等，目前还不能在人工培养基上培养，可以采用其他实验方法来加以证明。所有侵染性病害的诊断与病原物的鉴定都必须按照柯赫氏法则来验证。

科赫法则同样也适用于非侵染性病害的诊断，只是以某种怀疑因素来代替病原物的作用。例如，当判断是缺乏某种元素引起植物病害时，可以补施某种元素来缓解或消除其症状，即可确认判断。

第二部分 西瓜主要病害与防治

一、真菌性病害

1.白粉病

病原：瓜类单丝壳白粉菌（*Sphaerotheca cucurbitae*）。

症状：从苗期至采收期均可发生，可为害叶片、叶柄、茎部，其中，叶片和茎部最为严重。初期在叶片上产生淡黄色水渍状近圆形斑，随后病斑上产生白色粉状物，病斑逐步向四周扩展成连片的大型白粉斑。严重时病斑上产生黄褐色小粒点，后小粒点变黑。西瓜白粉病发病症状见图2-1~图2-4。

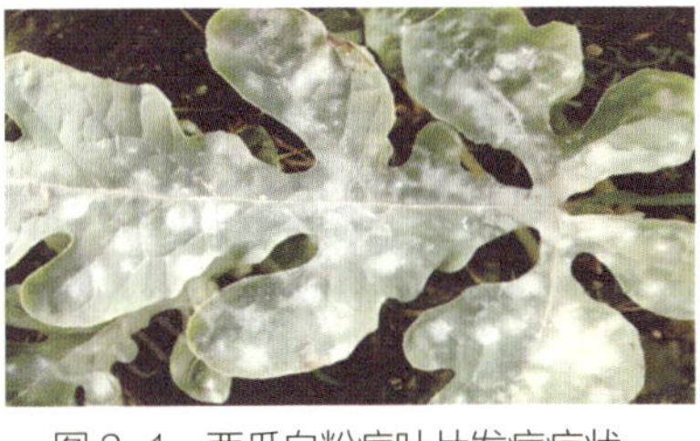

图2-1 西瓜白粉病叶片发病症状

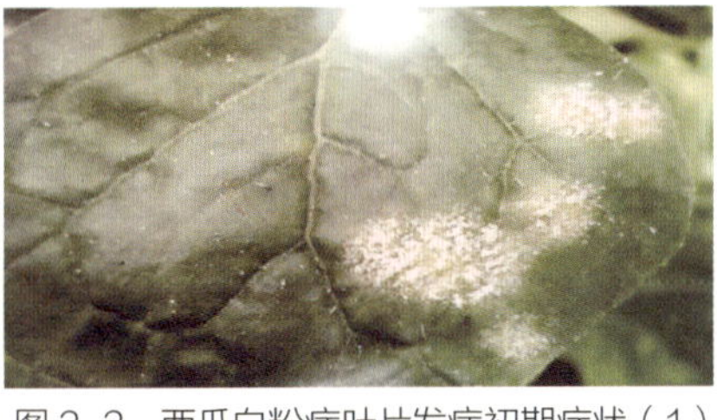

图2-2 西瓜白粉病叶片发病初期症状（1）

图2-3 西瓜白粉病叶片发病初期症状（2）

图2-4 西瓜白粉病叶片发病后期症状

发病规律： 5～6月和9～10月为该病盛发期。一般是秋植瓜发病重于春植瓜，但5～6月若雨日多，田间湿度大时，春植瓜的发病亦重。该病对温度要求不严格，但相对湿度在80%以上时最易发病，在多雨季节和浓雾露重的条件下，病害可迅速蔓延，一般10～15天后可普遍发病。田间高温干旱时能抑制该病的发生，病害发展缓慢。如管理粗放、偏施氮肥、灌溉不及时、植株徒长、枝叶郁闭、通透性差的田间，该病最易流行。西瓜不同生育期对白粉病的抵抗能力差异较大，一般是苗期或成株期的嫩叶抗病力较强。

防治措施： 避免过量施用氮肥，增施磷钾肥。实行轮作，加强管理，清除病残组织。

田间发病前，结合其他病害的防治，施用保护剂，可采用25%嘧菌酯悬浮剂1 000～2 000倍液；50%克菌丹可湿性粉剂400～500倍液；70%丙森锌可湿性粉剂800倍液；20%戊唑醇水乳剂25～30 mL/亩；80%硫黄水分散粒剂233～267 g/亩。兑水喷雾，视病情隔5～10天喷 1次。

田间发现病情应及时施药防治，发病初期，可采用30%苯甲・嘧菌酯悬浮剂40～50 mL/亩；30%氟菌唑可湿性粉剂2 500～3 500倍液；50%苯甲・硫黄水分散粒剂70～80 g/亩；70%甲基硫菌灵可湿性粉剂600～800倍液+75%百菌清可湿性粉剂600～800倍液。兑水喷雾，视病情隔6～7天喷1次。

田间较多植株发病时，可采用40%氟硅唑乳油4 000倍液+75%百菌清可湿性粉剂600倍液；20%福・腈可湿性粉剂1 000～2 000倍液+75%百菌清可湿性粉剂600倍液；2%宁南霉素水剂200～400倍液+70%代森联干悬浮剂600～800倍液。兑水喷雾，视病情隔5～7天喷 1次。为了避免病菌产生抗药性，药剂宜交替使用。

2. 白绢病

病原： 齐整小核菌（*Sclerotium rolfsii*）。

症状： 主要侵害近地面的茎蔓或果实，茎基部或贴地面茎蔓染病，初呈暗褐色，长出白色辐射状菌丝体。果实染病，病部变褐，边缘明显，病部亦长出白色绢丝状菌丝体，菌丝向果实靠近的地表扩展，后期病部产出茶褐色萝卜籽状小菌核，湿度大时病部腐烂。白绢病果实发病症状见图2–5。

图 2-5　白绢病果实发病症状

发病规律：发病温度5～37 ℃，最适温度20～30 ℃。雨季及高温、高湿发病迅速。排水不良、栽植过密、茎叶茂密或通风不良发病重。连作、土质黏重、地势低洼、高温多湿的年份或季节发病重。

防治措施：重病地避免连作。及时检查，发现病株及时拔除、烧毁。

发病初期，施用40%五氯硝基苯可湿性粉剂或15%三唑酮可湿性粉剂，兑细土100～200份，撒在病部根茎处，防效明显；或在病穴及其邻近植株淋灌5%井冈霉素水剂1 000倍液，或20%甲基立枯磷乳油 1 000倍液，每株（穴）淋灌0.5 L。

在发病前或发病初期，结合其他病害的防治，可采用15%混合氨基酸铜、锌、锰、镁水剂300～500倍液；23%络氨铜水剂300～500倍液；86.2%氧化亚铜可湿性粉剂1 500～2 000倍液；47%氧氯化铜可湿性粉剂500～800倍液。兑水进行全田喷雾。

在田间病害开始发生时，要及时施药防治，可采用10%苯醚甲环唑水分散粒剂1 500～2 000倍液；50%异菌脲可湿性粉剂1 000～1 500倍液+70%敌磺钠可溶性粉剂800倍液；70%甲基硫菌灵可湿性粉剂500～800倍液+50%福美双可湿性粉剂600～800倍液。进行全田喷施，重点喷施茎基部，视病情间隔7～10天喷1次。

必要时，还可结合喷洒药液，兑水浇灌根茎部，每株灌300 mL稀释药液，视病情间隔7～10天再灌1次。

3. 猝倒病

病原：瓜果腐霉（*Pythium aphanidermatum*）。

症状：发病初期病菌在幼苗近地面处的茎基部或根茎部为害，生出黄色至黄褐色水浸状缢缩病斑，致幼苗猝倒，一拔即断。该病在育苗时或直播地块发展很快，一经染病，叶片尚未凋萎，幼苗即猝倒死亡。湿度大时，在病部或周围的土壤表面生出一层白色棉絮状白霉。西瓜猝倒病发病症状见图2–6和图2–7。

图 2–6 西瓜猝倒病发病症状

图 2–7 西瓜猝倒病苗期发病症状

发病规律：病菌生长适宜地温15～16 ℃，温度高于30℃受到抑制；适宜发病地温10℃。低温对寄主生长不利，但病菌尚能活动，尤其是育苗期出现低温、高湿条件，利于发病。当幼苗子叶养分基本用完，新根尚未扎实之前是感病期。该病主要在幼苗长出1~2片真叶期发生，3片真叶后发病较少。

防治措施：对苗期病害严重的地区，采用统一育苗、统一供苗的方法。育苗时选用无病新土，不要用带菌的旧苗床土、菜园土或庭院土育苗。加强苗床管理，避免低温、高湿条件出现。

提倡选用营养钵或穴盘育苗等现代育苗方法，可大大减少猝倒病的发生和为害。用营养钵育苗，宽1.2 m、深10～15 cm、长15～20 m的带埂平畦，营养土配制需选优质田园土和充分腐熟的牛粪按体积6：4配制，每立方米营养土中加入复合肥（15–15–15）1 kg、草木灰5 kg、95%噁霉灵原药50 g或54.5%噁霉・福可湿性粉剂100 g或70%敌磺钠可溶性粉剂100 g或50%福美双可湿性粉剂150 g，与营养土充分拌匀后装入营养钵或育苗盘。

种子处理。可用72.2%霜霉威盐酸盐水剂500倍液或20%氟吗啉可湿性粉剂600倍液浸种30 min；也可用40%拌种双可湿性粉剂按种子重量的0.2%～0.3%拌种，或用11%氟环・咯・精甲种子处理悬浮剂

400～800 mL/100 kg种子拌种。

田间发病时及时施药防治，可采用25%吡唑醚菌酯乳油3 000～4 000倍液+70%代森锰锌可湿性粉剂600～800倍液；53%精甲霜·锰锌水分散粒剂600～800倍液；70%丙森锌可湿性粉剂600～800倍液+25%甲霜灵可湿性粉剂600倍液。兑水喷雾，视病情间隔5～7天喷1次。也可采用以上药剂喷淋苗床，视病情隔7～10天喷1次。注意用药剂喷雾后，等苗上药液干后，再撒些细干土，降湿保温。

4. 褐色腐败病

病原：辣椒疫霉（*Phytophthora capsici*）。

症状：苗期、成株期均可发生。苗期染病，主要为害根茎部，土表下根茎处产生水浸状病斑，皮层初现暗绿色水浸状斑，后变为黄褐色，逐渐腐烂，后期缢缩或全部腐烂，致全株枯死。成株染病，初生暗绿色水浸状病斑，后变软腐败，病叶下垂，不久变为暗褐色，易干枯脆裂。茎部染病，病部出现暗褐色纺锤形水浸状斑，病情扩展快，茎变细产生灰白色霉层，致病部枯死。蔓的先端最易被侵染，导致侧枝增多，在低洼处的蔓尤为明显。果实染病，初生直径1 cm左右的圆形凹陷斑，病部初呈水浸状暗绿色，后变成暗褐色至暗赤色，斑面形成白色紧密的天鹅绒状菌丝层。该病扩展迅速，即使很大的西瓜，也会在2～3天腐烂，损失严重。西瓜褐色腐败病果实发病症状见图2–8。

图2–8　西瓜褐色腐败病果实发病症状

发病规律：病菌在土壤中主要以卵孢子形式越冬，翌年形成初侵染源。发病后，病斑上生成的分生孢子，借雨水飞散，四处蔓延。高湿条件下发病较重，排水不畅的地块及酸性土壤易发病。果实直接接触地面时也容易发病。

防治措施：施用充分腐熟的有机肥，采用配方施肥技术，减少化肥施用量。前茬收获后及时翻地。雨后及时排水。

在发病初期，可采用84.51%霜霉威·乙膦酸盐可溶性水剂600～1 000倍液；57%烯酰·丙森锌水分散粒剂2 000～3 000倍液；76%霜·代·乙膦铝可湿性粉剂800～1 000倍液。喷雾，视病情隔7～10天喷1次。

保护地西瓜，在发病初期，用45%百菌清烟剂200～250 g/亩，在棚内分4~5处放置，暗火点燃，闭棚一夜，次晨通风，视病情间隔7天熏1次。

5. 黑斑病

病原：细交链孢［*Alternaria alternata*（Fr.）Keissl.］。

症状：主要为害叶片。初生水浸状小斑点，分布在叶缘或叶脉间，后扩展为圆形至近圆形暗褐色，边缘稍隆起，病、健交界处明显，上具不太明显的轮纹，病斑迅速融合为大斑，致叶片枯黄。湿度大时病斑扩展迅速，致全株叶片枯萎。该病茎、蔓不枯萎，区别于西瓜蔓枯病和枯萎病。果实染病，初生水浸状暗色斑，后扩展成凹陷斑，引起果实腐烂。运输和贮藏期该病可继续扩展。湿度大时，病部长出稀疏的黑色霉层。西瓜黑斑病叶片和叶背发病症状见图2-9和图2-10。

发病规律：主要以菌丝体随病残体在土壤中或种子上越冬，翌春，西瓜出苗后，遇适宜温度、湿度，借风雨传播即可进行初侵染。后病部又产生分生孢子，通过风雨传播，进行多次重复侵染，致病害

图2-9　西瓜黑斑病叶片发病症状

图2-10　西瓜黑斑病叶背发病症状

不断扩大。

防治措施：发病期，及时清除病株残体、病果、病叶、病枝等。拉秧后彻底清除病残落叶及残体。对保护地、田间做好通风降湿，避免叶面结露。不偏施氮肥，增施磷、钾肥，培育壮苗，以提高植株自身的抗病力。适量灌水，阴雨天或下午不宜浇水，预防冻害。

种子消毒。种子用55 ℃温水浸种15 min后，用75%百菌清可湿性粉剂或50%异菌脲可湿性粉剂1 000倍液浸种2 h，冲净后催芽播种。

发病初期或降雨前，可喷施75%百菌清可湿性粉剂500~600倍液或50%异菌脲可湿性粉剂1 000倍液。

发病后或湿度大时，可喷施80%代森锰锌可湿性粉剂600倍液或50%腐霉利可湿性粉剂1 500倍液。每亩喷施药液60 kg，每隔5 ~ 7天喷1次，连喷3 ~ 4次，并注重雨后补喷和田间排水。

6. 根腐病

病原：腐皮镰孢菌（*Fusarium solani*）。

症状：主要侵染根及茎部，初呈现水浸状，茎缢缩不明显，病部腐烂处的维管束变褐色，不向上发展，有别于枯萎病；后期病部往往变糟，留下丝状维管束。病株地上部初期症状不明显，后期叶片中午萎蔫，早晚尚能恢复，严重的则多数不能恢复而枯死。西瓜根腐病发病症状见图2-11。

图2-11　西瓜根腐病发病症状

发病规律：病菌在土壤中及病残体中越冬。高温、高湿利其发病，连作地、低洼地、黏土地发病重。

防治措施：露地可与白菜、葱、蒜等蔬菜实行2年以上轮作，保护地避免连茬，以降低土壤含菌量。及时拔除病株，并在根穴里撒消石灰。采用高畦栽培，防止大水漫灌，雨后排除积水，进行浅中耕，保持底墒和土表干燥。

西瓜定植时，结合其他病害的防治，可采用70%甲基硫菌灵可湿性粉剂1.5～2 kg/亩+70%敌磺钠可溶性粉剂2～3 kg/亩，或用50%多菌灵可湿性粉剂1.5～2 kg/亩+50%福美双可湿性粉剂2～3 kg/亩，按1∶50比例与土配制药土，撒在定植穴中；或用50%苯菌灵可湿性粉剂800倍液、20%甲基立枯磷乳油800倍液灌根，每株灌250 mL。

在田间病害开始发生时，要及时施药防治，可采用68%噁霉·福美双可湿性粉剂800～1 000倍液；20%二氯异氰尿酸钠可溶性粉剂400～600倍液；70%福·甲·硫黄可湿性粉剂800～1 000倍液；10%多抗霉素可湿性粉剂600～1 000倍液。兑水灌根，每株灌250 mL，视病情间隔7～10天灌1次。

7. 菌核病

病原：核盘菌［*Sclerotinia sclerotiorum*（Lib.）de Bary］。

症状：主要为害茎蔓和果实，也可为害叶片。茎部、叶柄染病，初生水渍状斑，后扩展成淡褐色至褐色，并环绕全茎；湿度大时，病部软腐，表面长有白色棉絮状菌丝体；后期在病部表面可出现黑色鼠粪状菌核。果实染病，初现水渍状斑，扩大后呈湿腐状，其表面密生白色棉絮状菌丝体，后期也出现黑色鼠粪状菌核。叶片染病较少见，多由开败的花落至叶片或发病的茎蔓、叶柄与叶片接触所致。叶面上出现灰白色至灰褐色湿腐状大斑，病斑边缘与健康部分分界不明显，湿度大时斑面上现絮状菌丝体。西瓜菌核病发病症状见图2-12和图2-13。

图 2-12　西瓜菌核病发病症状

图 2-13　西瓜菌核病果实发病症状

发病规律：生产上早春或晚秋遇有高湿低温、多雨持续时间长有利于该病的发生和流行。南方出现上述发病条件，菌核病随时发生，北方主要发生在2～4月或10～11月。生产上连作时间长，土壤中菌核多，发病重。

防治措施：苗床要做好保温工作，以免幼苗受冻后，抗病性降低。田间发病后，可适当提高夜间棚室内温度，以减少棚室内结露。防止过量灌水。实行与水生作物轮作，夏季把病田灌水浸泡半个月，或收获后，要销毁有病瓜蔓，及时深翻，深度要求达30 cm，将菌核埋入深层，使其不易萌发出土。同时采用配方施肥技术，增强作物的抗病力。

用98%噁霉灵原药2 000倍液兑土壤喷洒。种子用50 ℃温水浸种10 min，即可杀死混在种子中的菌核。

田间出现子囊盘时，及时喷药防止植株受子囊孢子侵染。可采用15%腐霉利烟剂250～450 g/亩熏烟；或用50%多菌灵悬浮剂，50%腐霉利可湿性粉剂1 500倍液，500 g/L异菌脲悬浮剂1 000倍液，每隔7天喷1次，连续防治1～2次。

菌核病主要为害茎蔓，对茎蔓病害的防治，应掌握在发病初期进行，先用刀片将患病的菌丝体刮尽，再用5%菌毒清水剂50倍液进行消毒，最后用毛笔涂药，药剂可选用50%腐霉利可湿性粉剂30～50倍液或75%百菌清水分散粒剂30～50倍液。

8. 枯萎病

病原：尖镰孢菌黄瓜专化型（*Fusarium oxysporum* f.sp. *cucumerinum*）。

症状：此病在西瓜全生育期都可发生。苗期染病，根部变成黄白色，须根少，子叶枯萎，真叶呈现皱缩，枯萎发黄，茎基部变成淡黄色且倒伏枯死，剖茎可见维管束变黄。成株期发病，病株生长缓慢，须根小。初期叶片由下向上逐渐萎蔫，似缺水状，早晚可恢复，几天后全株叶片枯死。发生严重时，茎蔓基部缢缩，呈锈褐色水渍状，空气湿度高时病茎上可出现水渍状条斑，或出现琥珀色流胶，病部表面产生粉红色霉层。剖开根或茎蔓，可见维管束变褐色。发生严重时，全田枯萎死亡。西瓜枯萎病症状见图2-14。

图 2-14 西瓜枯萎病症状

发病规律： 可通过种子、土壤、肥料、昆虫等进行传播。发病适宜土温为25 ℃，低于15 ℃或高于35 ℃病害受抑制，在40 ℃以上，几天就可全部死亡。空气相对湿度90%以上易感病。以开花、抽蔓到结果期发病最重。该病为土传病害，发病程度取决于土壤中可侵染菌量。有机肥不腐熟、土壤过分干旱或质地黏重的酸性土是引起该病发生的主要条件。一般连茬种植、地下害虫多、管理粗放或潮湿等情况下，病害发生严重。

防治措施： 与其他作物轮作，旱地3～5年以上，或与水稻轮作1年以上。酸性土壤要多施石灰，以改良土壤。施用充分腐熟肥料，减少根系伤口。小水勤浇，避免大水漫灌，适当多中耕，提高土壤透气性，使根系茁壮，增强抗病力；结瓜期应分期施肥；生长期间，发现病株立即拔除。瓜果收获后，清除田间茎叶及病残烂果。

选用抗病品种。西瓜品种间对枯萎病的抗性差异明显。可以选用大果型如京欣二号、京欣三号、京欣四号、西农十号、早花香、郑抗二号，小果型如黄皮京欣一号、京秀、早春红玉、黑美人、郑抗一号、安生三号，无籽西瓜如无籽京欣一号、黑蜜二号、黑优无籽等品种。

利用南瓜砧木嫁接栽培，可以减轻为害，可选用南砧1号、超丰F1、新土佐、野生西瓜砧、京欣砧一号等。

种子处理。用1%福尔马林药液浸种20～30 min、2%～4%漂白粉液浸种30～60 min、1%的60%多菌灵盐酸盐超微粉液浸种60 min或用3%中生菌素可湿性粉剂600倍液浸种30 min，捞出后冲净催芽。或用2.5%咯菌腈悬浮种衣剂按种子重量的0.6%～0.8%拌种、0.1%～0.15%的50%苯菌灵可湿性粉剂拌种；也可采用高温干热消毒法，把相对干燥的种子，放在75 ℃恒温箱中处理72 h，消毒效果较好。

苗床处理。用70%噁霉灵可湿性粉剂1 g/m^2兑细沙1 kg，播种后均匀撒入苗床做盖土，或用70%噁霉灵可湿性粉剂1 000倍液对苗床进行喷施。整地或播种时用50%多菌灵可湿性粉剂1～2 g/m^2+70%敌磺钠可溶性粉剂1.5～3 g/m^2、50%多菌灵可湿性粉剂1～2 g/m^2+50%福美双可湿性粉剂1.5～2 g/m^2，与细土按1∶100的比例配成药土后撒施于床面。

直播瓜田也可用50%多菌灵可湿性粉剂1 kg/亩+40%拌种双粉剂1 kg/亩，兑入25～30 kg细土或粉碎的饼肥，于播种前撒于定植穴内，与土混合后，隔2～3天播种。

对于老瓜区或上茬枯萎病较重的地块，在幼苗定植时或发现零星病株时可采用60%甲硫·福美双可湿性粉剂600～800倍液；50%苯菌灵可湿性粉剂1 000倍液+50%福美双可湿性粉剂500倍液；4%嘧啶核苷类抗菌素水剂600～800倍液。兑水灌根，每株灌兑好的药液0.4～0.5 L。视病情隔10天后再灌1次。

9. 立枯病

病原：立枯丝核菌（*Rhizoctonia solani*）。

症状：主要侵害植株根尖及根，初发病时在苗茎基部出现椭圆形褐色病斑，叶片白天萎蔫，晚上恢复，以后病斑逐渐凹陷，发展到绕茎一周时病部缢缩干枯，但病株不易倒伏，呈立枯状。西瓜立枯病幼苗发病症状见图2-15。

图 2-15　西瓜立枯病幼苗发病症状

发病规律：在西瓜苗期发生，病菌在15 ℃左右的环境中繁殖较快，30 ℃以上繁殖受到抑制。土温10 ℃左右不利于瓜苗生长，而病菌能活动，因此容易发病。一般在3月下旬、4月上旬，连日阴雨并有寒流时，发病较多，多在苗床温度较高或育苗后期发生，阴雨多湿、土壤过黏、重茬发病重。播种过密、间苗不及时、温度过高易诱发西瓜立枯病。

防治措施：选择地势高、地下水位低或排水良好的地做苗床，选用无病的新土育苗，加强苗床管理并及时放风、降温，避免低温、高湿的环境条件出现，严防瓜苗徒长染病。

种子处理。用2.5%咯菌腈悬浮种衣剂，按种子重量的0.2%～0.3%拌种。例如，2.5%咯菌腈悬浮种衣剂12.5 mL，兑水50 mL，充分混匀后倒在5 kg种子上，快速搅拌，直到药液均匀分布在每粒种子上，晾干播种；也可用450 g/L克菌丹悬浮种衣剂67.5～78.75 g/100 kg种子+30 g/L苯醚甲环唑悬浮种衣剂6～9 mL/100 kg种子进行种子包衣或拌种。

土壤处理。用50%多菌灵可湿性粉剂4～6 g/m^2+50%福美双可湿性粉剂5～8 g/m^{2}或用95%噁霉灵原药2～4 g/m^2，兑水稀释至1 000倍液喷洒苗床，浅耙后播种。也可把70%噁霉灵可湿性粉剂2～4 g/m^2、70%甲基硫菌灵可湿性粉剂4~6 g/m^2+50%福美双可湿性粉剂5～8 g/m^2、50%腐霉利可湿性粉剂4～6 g/m^2+50%福美双可湿性粉剂5～8 g/m^2，兑细土18 kg，待打好底水后取1/3拌好的药土撒在畦面上，播种后把其余2/3药土覆盖在种子上，防效明显。

苗床初现萎蔫症状，且气候有利于发病时，应及时施药，可采用20%氟酰胺可湿性粉剂600～800倍液+75%百菌清可湿性粉剂600倍液；50%腐霉利可湿性粉剂1 500倍液+70%丙森锌可湿性粉剂600～700倍液；2.5%咯菌腈悬浮种衣剂1 000～1 500倍液。兑水喷淋苗床，视病情隔7～10天喷1次。

10. 蔓枯病

病原：瓜类球腔菌（*Mycosphaerella citrullina*）。

症状：主要为害叶片、蔓、果实。子叶发病时，初呈水渍状小点，渐扩大为黄褐色或青灰色圆形至不规则形斑，后扩展至整个子叶，子叶枯死。幼苗茎部受害，初呈水渍状小斑，后向上、下扩展，并环绕幼茎，引起幼苗枯萎死亡。成株期叶片上形成圆形或椭圆形淡褐色至灰褐色大型斑，病斑干燥易破裂，其上密集小黑点，潮湿时，病斑遍布全叶，叶片变黑枯死。叶柄和茎部先呈油渍状，表皮裂痕，有胶状物流出，稍凹陷，干燥时胶状物变为赤褐色，病斑上出现无数个针头大小的黑点，后期整株死亡。果实染病，先出现油渍状小斑点，不久变为暗褐色，中央部位呈褐色枯死状，而后呈星状开裂，内部木栓化。西瓜蔓枯病发病症状见图2–16～图2–19。

图 2–16　西瓜蔓枯病叶片发病初期症状

图 2–17　西瓜蔓枯病幼苗茎部发病症状

图 2–18　西瓜蔓枯病叶柄发病症状

图 2–19　西瓜蔓枯病茎蔓发病后期症状

发病规律：病菌发病温度范围为5～35 ℃，在55 ℃环境下10 min即可死亡。最适合发病条件为22～26 ℃、相对湿度85%以上。高温多雨季节发病迅速。连作地、排水不良、通风透光不足、偏施氮肥、土壤湿度大或田间积水易发病。

防治措施：拉秧后彻底清除病残落叶，适当增施有机肥。适时浇水、施肥，避免田间积水，保护地浇水后增加通风，发病后打老叶并去除多余的叶和蔓，以利于植株间通风透光。

种子处理。用55 ℃温汤浸种20 min，或用50%福美双可湿性粉剂按种子重量的0.3%拌种，也可采用2.5%咯菌腈悬浮种衣剂按种子重量的0.3%进行种子包衣。

生长期，可用0.3%磷酸二氢钾+0.5%尿素或1.8%复硝酚钠水剂2 000～3 000倍液进行叶面喷雾，促进植株生长，增强抵抗力。

田间发病及时施药防治，可采用43%戊唑醇悬浮剂3 000倍液+60%吡唑·代森悬浮剂3 000倍液；25%咪鲜胺乳油800~1 000倍液+75%百菌清可湿性粉剂600倍液；10%苯醚甲环唑水分散粒剂1 500倍液；2.5%咯菌腈悬浮种衣剂1 000 ~ 1 500倍液。兑水喷雾，视病情间隔7 ~ 10天防治1次。

还可以用70%甲基硫菌灵可湿性粉剂50倍液，或用40%氟硅唑乳油100倍液、25%咪鲜胺乳油100倍液，用毛笔蘸药涂抹茎部病斑。

11. 绵腐病

病原：瓜果腐霉（*Pythium aphanidermatum*）。

症状：西瓜生长中后期，果实膨大后，由于地面湿度大，靠近地面的果面由于长期受潮湿环境的影响，极易发病。果实上先出现水浸状病斑，而后软腐，湿度大时长出白色绒毛状菌丝，后期病瓜腐烂，有臭味。西瓜绵腐病果实发病症状见图2-20。

图2-20　西瓜绵腐病果实发病症状

发病规律：田间高湿或积水易诱发此病。通常地势低洼、土壤黏重、地下水位高、雨后积水或浇水过多、田间湿度高等均有利于发病。结瓜后雨水较多的年份以及在田间积水的情况下发病较重。

防治措施：与禾本科作物轮作3 ~ 4年。施用充分腐熟的有机肥。采用高畦栽培，避免大水漫灌，大雨后及时排水，必要时可把瓜垫起。

发病初期，可采用687.5 g/L霜霉威盐酸盐·氟吡菌胺悬浮剂800 ~ 1 200倍液；500 g/L氟啶胺悬浮剂2 000 ~ 3 000倍液；50%锰锌·氟吗啉可湿性粉剂1 000 ~ 1 500倍液；440 g/L精甲·百菌悬浮剂1 000 ~ 2 000倍液。兑水喷雾，视病情间隔5 ~ 7天喷1次。

12.霜霉病

病原：古巴假霜霉菌（*Pseudoperonospora cubensis*）。

症状：发病初期，叶面上出现水浸状不规则形病斑，逐渐扩大并变为黄褐色，湿度大时叶片背面长出黑色霉层。发病严重时多数叶片凋枯。西瓜霜霉病叶片发病初期和后期症状见图2-21和图2-22。

图 2-21　西瓜霜霉病叶片发病初期症状

图 2-22　西瓜霜霉病叶片发病后期症状

发病规律：病害在田间发生的气温为16 ℃，适宜流行的气温为20～24 ℃。高于30 ℃或低于15 ℃发病受到抑制。当日平均气温在16 ℃时，病害开始发生；日平均气温在18～24 ℃、相对湿度在80%以上时，病害迅速扩展。叶面有水膜时容易侵入。在湿度高、温度较低、通风不良时易发生，且发展很快。

防治措施：定植时严格淘汰病苗。选择地势较高、排水良好的地块种植。施足基肥，合理追施氮、磷、钾肥，生长期不要过多地追施氮肥，以提高植株的抗病性。

田间发病时及时进行防治，病害发生初期，可采用66.8%丙森·异丙菌胺可湿性粉剂600～800倍液；84.51%霜霉威·乙膦酸盐可溶性水剂600～1 000倍液；440 g/L双炔·百菌清悬浮剂600～1 000倍液。兑水喷雾，视病情隔5~7天喷1次。

保护地栽培，可用45%百菌清烟剂200 g/亩、15%百菌清·甲霜灵烟剂250 g/亩，按包装分放5～6处，傍晚闭棚后由棚室里面向外逐次点燃，次日早晨打开棚室，进行正常田间作业。间隔6～7天熏1次，熏蒸次数视病情而定。也可在发病前采用5%百菌清粉尘剂1 kg/亩，发病初期用7%百菌清·甲霜灵粉尘剂1 kg/亩，早上或傍晚进行喷粉，视病情隔7天喷1次。

13. 炭疽病

病原：葫芦科刺盘孢（*Colletotrichum lagenarium*）。

症状：此病全生育期都可发生，可为害叶片、叶柄、茎蔓和瓜果。苗期发病，子叶上出现圆形褐色病斑，边缘有浅绿色晕环。嫩茎染病，病部黑褐色，且至半圆形缢缩，致幼苗猝倒。真叶发病，叶片上初为圆形或纺锤形水渍状斑，后干枯成黑色，边缘有紫黑色晕圈，有时有轮纹，干燥时叶片易穿孔；空气潮湿，病斑表面生出粉红色小点。叶柄或茎蔓发病，病斑呈水渍状，淡黄色长圆形，稍凹陷，后变黑色，环绕茎蔓一周全株即枯死。瓜果染病，初呈水渍状暗绿色凹斑，凹陷处常龟裂，潮湿时在病斑中部产生粉红色黏稠物。幼瓜被害，果实变黑、腐烂。西瓜炭疽病发病症状见图2-23～图2-26。

发病规律：气温10~30 ℃均可发病。20～24 ℃、棚室相对湿度90%～95%，最为适宜，相对湿度低于54%，病轻或不发病。西瓜生长

图 2-23　西瓜炭疽病幼苗真叶发病症状

图 2-24　西瓜炭疽病叶片发病初期症状

图 2-25　西瓜炭疽病叶片发病后期症状

图 2-26　西瓜炭疽病果实发病后期症状

中后期发生较为严重，特别是以6月中旬至7月上旬的梅雨季节发生最重。西瓜生长期多阴雨、地块低洼积水，或棚室内温暖潮湿、重茬种植，过多施用氮肥，排水不良，通风透光差，植株生长衰弱等有利于发病。

防治措施：施用充分腐熟的有机肥，采用高垄或高畦地膜覆盖栽培。有条件的可应用滴灌、膜下暗灌等节水栽培防病技术。适时浇水施肥，避免雨后田间积水，保护地在发病期适当增加通风时间。

种子处理。选用无病种子或进行种子灭菌，可用55 ℃温汤浸种20 ~ 30 min，再用30%苯噻硫氰乳油1 000倍液浸种5 h；或进行药剂拌种，可用种子重量0.3%的50%咪鲜胺锰络化合物可湿性粉剂、6%氯苯嘧啶醇可湿性粉剂、50%敌菌灵可湿性粉剂或70%甲基硫菌灵可湿性粉剂拌种。

发病初期，可采用25%嘧菌酯悬浮剂1500 ~ 2 000倍液；25%咪鲜胺乳油1 000 ~ 1 500倍液+75%百菌清可湿性粉剂600倍液；40%多·福·溴菌腈可湿性粉剂800 ~ 1 000倍液。兑水喷雾，视病情隔7 ~ 10天喷1次。

保护地西瓜，发病前期可用45%百菌清烟剂200 ~ 250 g/亩熏烟，于傍晚分放4 ~ 5个点，先密闭大棚、温室，然后点燃烟熏，隔7天熏1次，连熏4 ~ 5次。

田间病株较多时，应加强防治。发病普遍时，可采用20%苯醚·咪鲜胺微乳剂2 500 ~ 3 500倍液；5%亚胺唑可湿性粉剂1 000倍液+70%丙森锌可湿性粉剂700倍液；12.5%烯唑醇可湿性粉剂2 000 ~ 4 000倍液+70%代森联干悬浮剂800倍液。兑水喷雾，视病情隔7 ~ 10天喷1次。

14. 叶枯病

病原：瓜交链孢（*Alternaria cucumerina*）。

症状：主要为害叶片，幼苗叶片受害，病斑褐色；成株期先在叶背面叶缘或叶脉间出现明显的水浸状褐色斑点，湿度大时导致叶片失水青枯，天气晴朗气温高时易形成2 ~ 3 mm圆形至近圆形褐斑，布满叶面，后融合为大斑，病部变薄，形成叶枯。茎蔓染病，产生梭形或椭圆形稍凹陷的褐色病斑。果实染病，在果实上生有四周稍隆起的圆形褐色凹陷斑，可深入果肉，引起果实腐烂。湿度大时病部长出灰黑色至黑色霉层。西瓜叶枯病发病症状见图2-27～图2-30。

图2-27　西瓜叶枯病幼苗期叶片发病症状

图2-28　西瓜叶枯病叶片发病初期症状

图2-29　西瓜叶枯病叶片发病较严重期症状

图2-30　西瓜叶枯病叶片发病后期症状

发病规律：气温14～36 ℃、相对湿度高于80%均可发病；多发生在西瓜坐果后及果实膨大期，此时抗病性弱，又需要大肥大水，浇水量大利于病害的发生。雨日多、雨量大、相对湿度高时叶枯病易流行致使叶片大量死亡，严重影响产量。偏施或重施氮肥及土壤瘠薄、低洼积水、管理粗放、山间郁闭，植株抗病力弱而发病重。连续晴天、日照时间长，对该病有抑制作用。

防治措施：与非茄果类、瓜类蔬菜轮作3年以上，选择排水性良好的沙质土栽培。选用耐病品种；清除病原体，集中深埋或烧毁，减少病菌源。采用配方施肥技术，避免偏施、过施氮肥。雨后开沟排水，防止湿气滞留。

种子处理。用55 ℃温水进行温汤浸种，再用50%多菌灵可湿性粉剂800～1 000倍液浸种2 h后播种。也可用40%拌种双可湿性粉剂+50%异菌脲悬浮剂，按种子重量的0.3%拌种。

发病初期，可采用25%溴菌腈可湿性粉剂500～1 000倍液+70%代森锰锌可湿性粉剂700倍液；10%苯醚甲环唑水分散粒剂1 000倍液+75%百菌清可湿性粉剂600～800倍液；560 g/L嘧菌·百菌清悬浮剂800～1 000倍液。兑水喷雾，视病情间隔7～10天喷1次。

保护地栽培的西瓜，可以采用45%百菌清烟剂200 g/亩熏烟，于傍晚分放4～5个点，先密闭大棚、温室，然后点燃烟熏，隔7天熏1次。

15. 疫病

病原：瓜疫霉（*Phytophthora melonis*）。

症状：幼苗、成株均可发病，为害叶、茎及果实。子叶先出现水浸状暗绿色圆形病斑，中央逐渐变成红褐色。近地面茎基部呈现暗绿色水浸状的软腐，后缢缩或枯死。真叶染病，初生暗绿色水渍状病斑，迅速扩展为圆形或不规则形大斑，湿度大时，腐烂或像开水烫过，干后为淡褐色，干枯易破碎。茎基部和叶柄染病，呈现纺锤形水渍状暗绿色病斑，病部明显缢缩。果实染病，形成暗绿色圆形水渍状凹陷斑，潮湿时迅速扩及全果，导致果实腐烂，表面密生白色菌丝。西瓜疫病果实发病症状见图2–31。

图2–31　西瓜疫病果实发病症状

发病规律：浙江地区发病高峰期为4~7月，长江中下游地区春、夏两季发病重。发病适温为20～30 ℃，低于15 ℃病情发展受到抑制。在气温适宜的条件下，雨季来的早晚和降雨量、降雨天数的多少是发病与否和流行程度的决定因素。多雨高湿利于发病。西瓜生长期多雨、排水不良、空气潮湿发病重。大雨、暴雨或大水漫灌后病害发展蔓延迅速。土壤黏重、植株茂密、田间通风不良发病较重。

防治措施：与非瓜类作物轮作3年以上；通过嫁接技术提高植株

整体抗病性；采用深沟高畦或高垄种植，雨后及时排水。采用配方施肥技术，施足底肥，增施腐熟的有机肥，提高作物抗性。

种子处理。播前用55 ℃温水浸种15 min，再用50%福美双可湿性粉剂500倍液浸种6 h，或用72.2%霜霉威盐酸盐水剂800倍液浸种1 h，然后用清水浸种6 ~ 8 h，再催芽播种；或用40%福尔马林150倍液浸种30 min，冲洗干净后晾干播种。

发病初期，可采用560 g/L嘧菌 · 百菌清悬浮剂2 000 ~ 3 000倍液；30%烯酰 · 甲霜灵水分散粒剂1 500 ~ 2 000倍液；20%氟吗啉可湿性粉剂600 ~ 800倍液+70%代森锰锌可湿性粉剂600 ~ 800倍液；76%丙森 · 霜脲氰可湿性粉剂1 000 ~ 1 500倍液。兑水喷雾，视病情隔7 ~ 10天喷1次。

保护地西瓜栽培，还可以采用10%百菌清烟剂每100 m^3空间用药45 g熏烟，于傍晚分放4 ~ 5个点，先密闭大棚、温室，然后点燃烟熏，隔7天熏1次。

田间较多植株发病时要加强防治。发病普遍时，可采用687.5 g/L霜霉威盐酸盐 · 氟吡菌胺悬浮剂800 ~ 1 200倍液；250 g/L双炔酰菌胺悬浮剂1 500 ~ 2 000倍液；440 g/L精甲 · 百菌清悬浮剂1 000 ~ 2 000倍液；70%呋酰 · 锰锌可湿性粉剂600 ~ 1 000倍液。兑水喷雾，视病情间隔7 ~ 10天喷1次。

16. 叶斑病

病原：瓜类明针尾孢霉（*Cercospora citrullina*）。

症状：主要为害叶片，初在叶片上出现暗绿色近圆形病斑，略呈水渍状，以后发展成黄褐至灰白色不定形坏死斑，边缘颜色较深，病斑大小差异较大，空气潮湿时病斑上产生灰褐色霉状物。病害严重时叶片上病斑密布，短时期内致使叶片坏死干枯。西瓜叶斑病发病症状见图2-32。

图 2-32　西瓜叶斑病发病症状

发病规律：高温高湿有利于发病。西瓜生长期多雨、气温较高或阴雨天较多发病较重。此外，平畦种植、大水漫灌、植株缺水缺肥、长势衰弱或保护地通风不良等发病较重。

防治措施：与非瓜类作物实行2年以上的轮作。采用高垄或高畦地膜覆盖栽培；加强管理，雨季做好瓜田排水，促进通风透光，保护地西瓜注意及时放风排湿，创造有利于西瓜生长而不利于病菌生长的环境。施足有机底肥，增施磷钾肥，生长期避免田间积水，严禁大水漫灌。西瓜拉秧后彻底清除病残落叶并将其带到田外妥善处理，减少田间菌源。

发病初期，可采用50%异菌脲悬浮剂1 500倍液；10%苯醚甲环唑水分散粒剂1 000～1 500倍液+75%百菌清可湿性粉剂600倍液；5%嘧菌酯悬浮剂1 000～1 500倍液；20%苯醚·咪鲜胺微乳剂2 500～3 500倍液。兑水喷雾，视病情隔7～10天喷1次。

17. 酸腐病

病原：卵形孢霉（*Oospora* sp.）。

症状：主要发生在半成熟瓜上，病瓜初呈水渍状，以后软腐，在其表面产生一层紧密的白色霉层，逐渐呈颗粒状，有酸臭味。瓜皮受伤更易受到侵染，病害严重时造成大批瓜果腐烂。西瓜酸腐病发病症状见图2–33。

图 2-33　西瓜酸腐病发病症状

发病规律：高温高湿有利于发病，通常结瓜期多雨、天气闷热、田间高湿发病较重。

防治措施：收获后彻底清除病残组织，并将其带到田外深埋或集中妥善处理，减少田间菌源。采用高畦或高垄栽培。施足底肥，加强中后期管理，适时浇水追肥，减少生理裂口和机械伤口。雨后及时排出田间积水。发病后及时清除病株，避免大水漫灌。

田间发病时，及时采用250 g/L嘧菌酯悬浮剂1 500～2 000倍液；33.5%喹啉铜悬浮剂800～1 000倍液；80%代森锌水分散粒剂

800～1 000倍液；70%甲基硫菌灵可湿性粉剂600倍液+60%琥·乙膦铝可湿性粉剂500倍液。兑水茎叶喷雾，视病情隔10天左右喷1次。

18. 黏菌病

病原：西瓜灰绒泡菌（*Physarum cinereum*）。

症状：常发生在生长前期茎基部的叶片上，发病初期在叶片上产生淡黄色不规则形至近圆形小斑点，病斑表面较粗糙或略凸起，常呈疮痂状，干燥条件下常形成白色硬壳。西瓜黏菌病叶片和叶背发病症状见图2–34和图2–35。

图 2–34　西瓜黏菌病叶片发病症状

图 2–35　西瓜黏菌病叶背发病症状

发病规律：河南省6～8月露地西瓜发生较多较重。整地时施入未充分腐熟的有机肥，长势中等稍弱的田块发病较重。

防治措施：整地时施用充分腐熟的有机肥作基肥，合理施用氮、磷、钾肥，加强肥水管理，促进植株健壮生长；雨后及时排出田间积水；收获结束后及时清除田间病残体并集中带出田间销毁。

发病初期，及时摘除病叶并采用70%甲基硫菌灵可湿性粉剂600～800倍液；50%苯菌灵可湿性粉剂800～1 000倍液+70%代森联干悬浮剂600倍液；25%溴菌腈可湿性粉剂500～1 000倍液+70%代森锰锌可湿性粉剂700倍液；25%嘧菌酯悬浮剂1 000～2 000倍液。兑水喷雾，视病情间隔7～10天喷1次，连续防治2～3次。

二、细菌性病害

1. 细菌性果腐病

病原：类产碱假单胞菌西瓜亚种（*Pseudomonas pseudoalcaligenes*

subsp. *citrulli*）。

症状：又称细菌斑点病、西瓜水浸病、果实腐斑病。瓜苗染病沿叶片中脉出现不规则褐色病斑，有的扩展到叶缘，叶背面呈水浸状。果实染病，果表面出现数个几毫米大小灰绿色至暗绿色水浸状斑点，后迅速扩展成大型不规则斑，变褐或龟裂，果实腐烂，并分泌出黏质琥珀色物质，瓜蔓不萎蔫，病瓜周围病叶上出现褐色小斑，病斑通常在叶脉边缘，有时有黄晕，病斑周围呈水浸状。西瓜细菌性果腐病叶片和果实发病症状见图2-36和图2-37。

图 2-36 西瓜细菌性果腐病叶片发病症状

图 2-37 西瓜细菌性果腐病果实发病症状

发病规律：带菌种子是病害进行远距离传播的主要途径。病菌在田间借风雨、灌溉水、昆虫及农事操作进行传播，从伤口或气孔侵入。多雨、高湿、大水漫灌易发病，气温24～28 ℃经1 h病菌就能侵入潮湿的叶片，潜育期3～7天。

防治措施：实行轮作，与禾本科等非瓜果类蔬菜进行2年以上的轮作。施用充分腐熟的有机肥；采用塑料膜双层覆盖栽培方式，注意通风降湿，西瓜膨大后应进行垫瓜，防止烂瓜。

种子处理。用40%福尔马林150倍液浸种30 min，清水冲净后浸泡6～8 h，再催芽播种。有些西瓜品种对福尔马林敏感，用前应先试验，以免产生药害。或用72%农用硫酸链霉素可溶性粉剂1 000～1 500倍液浸种2 h，冲洗干净后再用清水浸6～8 h，然后再催芽播种。

在发病前或进入雨季时应加强预防，结合其他病害的防治，可采用45%代森铵水剂400～600倍液；60%琥·乙膦铝可湿性粉剂500～700

倍液；86.2%氧化亚铜可湿性粉剂2 000 ~ 2 500倍液；77%氢氧化铜可湿性粉剂800~1 000倍液。兑水喷雾，视病情隔7 ~ 10天喷1次。

田间发现病株及时施药防治。发病初期，可采用72%农用硫酸链霉素可溶性粉剂3 000 ~ 4 000倍液；88%水合霉素可溶性粉剂1 500 ~ 2 000倍液；20%叶枯唑可湿性粉剂600 ~ 800倍液；20%噻唑锌悬浮剂300 ~ 500倍液+12%松脂酸铜乳油600 ~ 800倍液。兑水喷雾，视病情隔7 ~ 10天喷1次。

2. 细菌性叶斑病

病原：假单胞杆菌（*Pseudomonas syringae* pv.*lachrymans*）。

症状：又称西瓜细菌性角斑病。此病全生育期均可发生，叶片、茎蔓和瓜果都可受害。主要在开花坐果期至采收盛期发病最重。苗期染病，子叶上产生褐色圆形至多角形病斑，真叶沿叶缘呈黄褐至黑褐色坏死干枯，最后瓜苗呈褐色枯死。成株染病，叶片上初生水浸状半透明小点，以后扩大成浅黄色斑，边缘具有黄绿色晕环，最后病斑中央变褐色或呈灰白色破裂穿孔，湿度高时叶背溢出乳白色菌液。茎蔓染病呈油渍状暗绿色，以后龟裂，溢出白色菌脓。瓜果染病，初出现油渍状黄绿色小点，逐渐变成近圆形红褐至暗褐色坏死斑，边缘出现黄绿色油渍状，随病害发展病部凹陷龟裂呈灰褐色，空气潮湿时病部可溢出锈色菌脓。西瓜细菌性叶斑病叶片发病初期和后期症状见图2–38和图2–39。

发病规律：种子上的病菌可在种皮或种子内部存活1 ~ 2年，种子

图 2–38　西瓜细菌性叶斑病叶片发病初期症状

图 2–39　西瓜细菌性叶斑病叶片发病后期症状

带菌在3%左右，带菌的种子发芽时，病菌在子叶上引起发病。发病适温为24～28 ℃，最高为39 ℃，最低4 ℃，48～50 ℃经10 min致死。气温21～28 ℃、相对湿度85%以上的梅雨季极易造成流行发病，露地栽培比保护地栽培发病严重。低洼地及连作地块发病重。浙江以及长江中下游地区发病盛期是在4～6月和9～11月。

防治措施：与非葫芦科作物实行2年以上轮作。选用耐病品种。培育无病种苗，用新的无病土苗床育苗；保护地适时放风，降低棚室湿度，发病后控制灌水，促进根系发育增强抗病能力。露地西瓜推广避雨高垄地膜覆盖栽培，平整土地，完善排灌设施；收获结束后清除病株残体，翻晒土壤等。

种子处理。用60 ℃温水浸种15 min，或用3%中生菌素可湿性粉剂500倍液、72%农用硫酸链霉素可溶性粉剂500倍液浸种2 h，而后催芽播种。或播种前用40%福尔马林150倍液浸种1.5 h或用50%代森铵水剂500倍液浸种1 h，清水洗净后催芽播种。

发病初期，可采用88%水合霉素可溶性粉剂1 500～2 000倍液；20%噻唑锌悬浮剂300～500倍液+12%松脂酸铜乳油600～800倍液；20%喹菌酮水剂1 000～1 500倍液；60%琥・乙膦铝可湿性粉剂500～700倍液。兑水喷雾，视病情每5～7天喷1次。

3. 细菌性枯萎病

病原：西瓜萎蔫病欧文氏菌（*Erwinia tracheiphila*）。

症状：又称西瓜青枯病。主要为害茎蔓。茎蔓染病，初呈水渍状，随后病斑迅速扩展，至绕茎蔓一周后，病部变细，两端仍呈水渍状，病部上端茎蔓先出现萎蔫，最后全株凋萎死亡。剖开病茎用手挤压，有乳白色菌脓从维管束切面上溢出，维管束一般不变色，根部亦不腐烂，有别于镰刀菌引起的枯萎病。西瓜细菌性枯萎病症状见图2-40～图2-43。

发病规律：整个西瓜生长期间，病原细菌通过甲虫传播，进行多次重复侵染，致该病不断扩展蔓延。山东济南6月中、下旬开始发病。冬季温暖，越冬食叶甲虫基数大、带菌率高，西瓜生长期闷热，时晴时雨则发病重。

图 2-40　西瓜细菌性枯萎病幼苗田间发病症状

图 2-41　西瓜细菌性枯萎病田间发病初期症状

图 2-42　西瓜细菌性枯萎病茎部维管束变褐症状

图 2-43　西瓜细菌性枯萎病田间发病症状

防治措施：发现病株及时拔除。病穴用石灰消毒。注意防治西瓜田甲虫，减少伤口。

在田间药害发病初期，可采用10%苯醚甲环唑1 500倍液+27.12%碱式硫酸铜600倍液；32.5%苯甲・嘧菌酯悬浮剂1 500倍液+72%农用高效链霉素可溶性粉剂3 000倍液；4%春雷霉素可湿性粉剂800～1 000倍液；90%新植霉素可溶性粉剂4 000倍液。隔10天使用1次，防治2～3次。

4. 褐斑细菌病

病原：油菜黄单胞菌黄瓜致病变种［*Xanthomonas campestris* pv.*cucurbitae*（Bryan）Dye.］。

症状：又称西瓜细菌性斑点病。该病主要为害叶片。初在叶片上形成黄色或黄褐色小角斑，大小1～2 mm，严重时叶片变褐枯死，有时为害叶缘引起坏死。侵染幼茎和叶柄及果实时，产生灰色斑点，其中心具黄色干菌脓，似痂斑。西瓜褐斑细菌病叶片发病初期和后期症状见图2-44和图2-45。

图 2-44　西瓜褐斑细菌病叶片发病初期症状

图 2-45　西瓜褐斑细菌病叶片发病后期症状

发病规律：果肉受害扩展到种子上，病菌由种子传带，也可随病残体遗留在土壤中越冬，从幼苗的子叶或真叶的水孔或伤口侵入，引起发病。真叶染病后，细菌在薄壁细胞内繁殖，后进入维管束，致叶片染病，然后再从叶片维管束蔓延至茎部维管束，进入瓜内，致瓜种带菌。棚室西瓜湿度大温度高，叶面结露、叶缘吐水，利于该菌侵入和扩展。

防治措施：发病期，及时清除病株残体、病果、病叶、病枝等，并在根穴里撒消石灰，拉秧后彻底清除病残落叶及残体。采用高畦栽培，合理密植，在保证温度适宜的前提下及时通风透光，适量灌水，防止大水漫灌，阴雨天或下午不宜浇水。加强田间管理，采用甜瓜测土配方施肥技术，增施腐熟有机肥，适时整枝打杈，提高抗病力；进行轮作，甜瓜应种在3～5年未种过瓜类的大棚内，且周围不种其他瓜类作物；提倡采用甜瓜果实套袋；生产上在甜瓜长至鹅蛋大小时套上筒状纸袋，采瓜前4～5天把袋去除。

防止病苗进入大田。定植前应仔细检查，淘汰病弱苗，苗床内喷洒90%新植霉素可溶性粉剂4 000倍液进行预防。定植时先将15 kg 32.5%苯甲·嘧菌酯悬浮剂1 500倍液放入长方形大容器中，再将育好苗的穴盘整个浸入药液中把苗子根部蘸湿灭菌。定植前后穴施生物菌肥（如激抗菌）。

种子处理。对带菌种子进行消毒，种子用55～60 ℃温水（即3份开水兑1份凉水）浸种10 min。

田间发病时及时施药防治，可采用90%新植霉素可溶性粉剂4 000倍液、80%福美双悬浮剂800倍液+斯德考普叶面肥6 000倍液。也可喷洒0.01%芸薹素内酯乳油2 000倍液或0.1% S-诱抗素水剂平衡西瓜营养生长和生殖生长，以利提高抗病性和耐低温能力。此外，还可选用50%氯溴异氰尿酸水溶性粉剂1 000倍液，或20%噻唑锌悬浮剂每亩用制剂100 ~ 125 mL，兑水50 kg喷雾防效佳。

三、病毒病

病害名称：西瓜花叶病毒病。

病原：黄瓜花叶病毒（Cucumber mosaic virus，CMV）；甜瓜花叶病毒（Muskmelon mosaic virus，MMV）。

症状：主要表现为花叶型和蕨叶型两种。幼苗期形成黄绿相间的花叶状。花叶型：新叶出现明显褪绿斑点，后变为系统性斑驳花叶，叶面凸凹不平，叶片变小，畸形，节间缩短，植株矮化，结果少而小，果面上有褪绿色斑驳。蕨叶型：新叶狭长，皱缩扭曲，花器不发育，难以坐果。果实发病，表面形成浓绿色和浅绿色相间的斑驳，并有不规则突起。西瓜花叶病毒病发病症状见图2-46。

图2-46　西瓜花叶病毒病发病症状

发病规律：黄瓜花叶病毒种子不带毒，蚜虫是传播此病的主要媒介；汁液摩擦也可传毒。发病适温20 ~ 25 ℃，气温高于25 ℃多表现隐症。甜瓜花叶病毒种子可以带毒，带毒率16% ~ 18%。高温、干旱、光照强的条件下，蚜虫发生严重，也有利于病毒的繁殖，且降低了植株的抗病能力，所以发病严重。此外，在杂草多、附近有发病作物、气温高、缺水、缺肥、管理粗放、生长势弱、蚜虫多时的瓜田发病重。北方一般在5月中下旬开始发病，6月上中旬进入发病盛期，幼苗到开花期较易感病。浙江及长江中下游地区发病盛期在4～6月和9～11月。

防治措施：施足基肥，合理追肥，增施磷钾肥，及时浇水防止干旱，合理整枝，提高植株抗病力。注意铲除瓜田内及周围杂草，及时拔除病株。在进行整枝、授粉等田间操作时，要注意尽量减少对植株的损伤。打杈选晴天阳光充足时进行，使伤口尽快干缩。

种子处理。播种前用10%磷酸三钠溶液浸种20 min，然后催芽、播种。也可将干燥的种子放在72 ℃的恒温箱中处理72 h以钝化病毒。

药剂防治。发病前期或发病初期，及时采取预防措施，可采用4%嘧肽霉素水剂200～300倍液；20%盐酸吗啉胍·乙酸铜可湿性粉剂500～700倍液；1.5%硫铜·烷基·烷醇水乳剂1 000倍液；3.95%三氮唑核苷·铜·烷醇·锌水剂500～800倍液。兑水喷雾，视病情间隔7～10天喷1次。于定植后、初果期、盛果期早晚各喷1次。

四、根结线虫病

病原：南方根结线虫（*Meloidogyne incognita*）。

症状：主要为害根系，以侧根发病较多。在根部产生许多根瘤状物，根瘤大小不一，表面光滑，初为白色，后变成淡褐色，根结相连呈念珠状。地上部分，发病轻微时症状不明显，仅表现叶色变浅，天热时中午萎蔫；发病重时植株矮化，生长不良，叶片萎垂，有时嫩叶畸形，不结瓜或结瓜小，多提早枯死。剖开根结，病组织内可见极小的鸭梨形乳白色线虫。西瓜根结线虫病发病症状见图2-47。

图2-47　西瓜根结线虫病发病症状

发病规律：在温室或塑料大棚中，单一种植几年西瓜后，根结线虫可逐渐成为优势种。田间发病的初始虫源主要是病土或病苗。南方根结线虫生存最适温度

25～30 ℃，高于40 ℃、低于5 ℃都很少活动，55 ℃经10 min致死。田间土壤湿度是影响孵化和繁殖的重要条件，土壤湿度适合蔬菜生长，也适于根结线虫活动，雨季有利于孵化和侵染，但在干燥或过湿土壤中，其活动受到抑制。其为害沙土常较黏土重。

防治措施：根结线虫发生严重田块，实行2年或5年轮作，大葱、韭菜、辣椒是抗耐病菜类，病田种植抗耐病蔬菜可减少损失，降低土壤中线虫量，减轻下茬受害。提倡采用高温闷棚防治保护地根结线虫和土传病害。

物理防治。根结线虫通常在地下0～60 cm的土壤中活动，近年大部分地区在7月或8月采用高温闷棚进行土壤消毒，地表温度最高可达72.2 ℃，地温49 ℃以上，可杀死土壤中的根结线虫和土传病害的病原菌，防效可达80%。

在田间病害开始发生时，要及时施药防治，可选择采用35%威百亩水剂4～6 kg/亩、10%噻唑膦颗粒剂2～5 kg/亩、3.2%阿维·辛硫磷颗粒剂4～6 kg/亩、5亿活孢子/g淡紫拟青霉颗粒剂3~5 kg/亩处理土壤。

在生长期发病，可以用48%毒死蜱乳油1 500倍液或用1.8%阿维菌素乳油1 000倍液灌根，每株灌250 mL。视病情隔7～10天灌1次，能有效地控制根结线虫病的发生为害。

五、环境异常引起的生理性病害

1. 西瓜粗蔓

症状：瓜蔓变粗，顶端膨大有大拇指粗，瓜蔓上翘，当天开的雌花至顶端距离长约60 cm，不易坐瓜。西瓜粗蔓症状见图2–48。

图 2–48　西瓜粗蔓症状

发病规律：水肥不均，前期水肥过多，营养过剩，蔓上又没有坐住瓜，植株养分分配不均易发病。

防治措施：合理配合施用氮、

磷、钾肥，适时适量追肥浇水，如果发现瓜蔓上翘可以用土块轻压。

2. 西瓜肉质恶变果

症状：结紫瓤瓜的植株，根、茎、叶均与正常瓜株无异，敲击瓜时声音发闷，似敲打软木的扑扑声，有别于正常成熟瓜和生瓜。剖开病瓜可见瓜瓤呈紫红色，浸润状，果肉绵软，散发出酸甜气味。从病瓜外观上看，仅可见瓜蒂部颜色呈深褐色，瓜把的茸毛脱落较健瓜早。西瓜肉质恶变果症状见图2–49。

图2–49　西瓜肉质恶变果症状

发病规律：生产上多发生在早春保护地。主要是在西瓜转色期浇水后，遇高温高湿造成“蒸瓜”而形成的。生产上皮薄、质脆的品种发病重，皮厚、质硬的品种发病轻。大棚该病发生重于露地。生产上有些发病早的瓜株，叶蔓完好，若遇一周连续低温天气，部分病瓜瓜肉可恢复正常。

防治措施：采用测土配方施肥技术，氮磷钾应按3∶1∶4的比例施用，提高抗病力，追肥时严禁使用尿素。平整瓜地，要求把棚内整平，做到排灌顺畅，无积水，可减少棚内湿度，以减少西瓜肉质恶变果的发生。推广滴灌或小水勤浇技术，防止浇水过量，棚内湿度过大，提倡棚内地面全部用地膜覆盖，减少水分蒸发，减少浇水次数。西瓜生长中后期更应小水勤浇，杜绝大水漫灌。科学放风，控制好温度、湿度。平时放风，把棚温控制在30 ℃以下，坐果后15～25天西瓜膨大并开始转色时棚温不低于20 ℃。浇水后把棚顶膜缝隙全部扒开，连续3天保持棚内无水汽。如遇高温，还应打开棚的两头及两侧下部，加速棚内空气流通，防止温度过高。

3. 徒长

症状：苗期至坐果前瓜秧的节间伸长，叶柄、叶身变长，叶色变浅或呈淡绿色，叶片变薄，组织柔嫩；坐果时表现为茎粗叶大，叶色浓绿，生长点翘起，难以坐果。西瓜徒长症状见图2–50。

发病规律：一是大棚内温度过高，光照不足，土壤空气湿度高。二是氮素肥料过多，使茎叶的营养生长和生殖生长失调，造成坐瓜困难。

图 2-50　西瓜徒长症状

防治措施：按配方施肥，控制基肥施用量，前期少施氮肥，注意磷、钾肥的配合。苗床育苗或大棚定植后温度要分段管理，适时通风散湿，增加光照，避免棚温过高，降低夜温。对已经徒长的瓜株，可通过适当整枝、打顶抑制其营养生长，如大面积徒长，则应采取去强留弱或部分断根等技术，以有效控制营养生长，并在西瓜4~5节时喷施翠健花力1 000倍液+翠健硼力2 000倍液，可促进提前开花坐果，也可进行人工辅助授粉，促进坐果。适时追肥，防止脱肥，当70%的西瓜如鸡蛋大小时及时浇膨瓜水，施膨瓜肥，注意少施氮肥，增施磷钾肥，可有效控制徒长。

4. 化瓜

症状：化瓜主要表现为幼瓜发育一段时间后慢慢停止生长，逐渐褪绿变黄，最后萎缩坏死。西瓜化瓜症状见图2–51。

图 2-51　西瓜化瓜症状

发病规律：一是开花后雌花未授粉受精。二是雌花花器或雄花花器不正常。三是植株生长过盛或过弱。四是花期土壤水分不合理。五是环境条件不利。六是营养生长与生殖生长不协调。

防治措施：由于造成化瓜的原因较复杂，防止化瓜需及时查明化瓜原因，有针对性地采取防治措施。安排好播期，避开不利于西瓜开花坐果的时期。育苗过程中给予幼苗适宜的环境条件促进花芽分化，降低畸形花出现概率。科学施肥浇水。播种前要重施底肥，以有机肥为主，配施速效氮肥、磷肥及钾肥等。抽蔓期施肥，应酌情减少氮肥用量，要掌握施肥原则，并适当控制浇水，使其生长稳健，避免发生旺长。人工辅助授粉。在西瓜花期，于上午7:00 ~ 10:00把雄花摘下，剥去花冠，用花蕊均匀地涂抹雌花柱头，每朵雄花可抹2 ~ 3朵雌花。授粉时，动作要轻，以免损伤柱头。捏茎控旺稳瓜。植株生长过旺的瓜田，在幼瓜正常授粉后，将瓜后茎蔓用力一捏，这样可减少水肥向顶端的输送，集中养分供应幼瓜，减少化瓜现象。

5. 畸形瓜

症状：畸形瓜主要表现为大肚瓜、尖嘴瓜、偏头瓜。西瓜在花芽分化期或果实发育过程，遇到不良环境条件和栽培管理不当容易形成畸形果，严重影响西瓜的品质和经济价值。西瓜偏头瓜见图2–52，西瓜大肚瓜见图2–53。

图 2–52　西瓜偏头瓜

图 2–53　西瓜大肚瓜

发病规律：一是在苗期花芽分化时，养分和水分供应不平衡，影响花芽分化。二是花芽分化时基质中缺少锰、钙等微量元素。三是在开花坐果期浇水不足或授粉不均匀导致产生畸形瓜。在果实发育期间水肥的不平衡也容易引起畸形瓜。

防治措施：注意育苗基质营养的全面性，补施钙、锰肥；加强苗期管理，注意温湿度的控制，创造有利于花芽分化的条件。开花坐果期注意采用人工辅助授粉，授粉时花粉要均匀涂抹在柱头上，合理施肥浇水。

6. 急性凋萎

症状：西瓜收获前10 ~ 15天，连续阴天后骤晴，植株中午萎蔫，早晚恢复，经过数次反复，植株枯死。严重时不需反复过程便可枯死。整枝多、坐果多时易发生急性萎蔫症。西瓜急性凋萎症状见图2-54。

图 2-54 西瓜急性凋萎症状

发病规律：根系得不到足够营养物质而生活力弱，茎叶又急剧生长需要根系活力加强，造成不协调所致。

防治措施：在苗期加强土壤和水分管理，施用芽孢杆菌促进根系强大，活力增强。

7. 空心瓜

症状：空心西瓜是一种没有正常发育的西瓜，但外形和普通西瓜差不多。西瓜空心瓜症状见图2-55。

图 2-55 西瓜空心瓜症状

发病规律：一是坐果时温度偏低。二是果实发育期阴雨寡照。三是坐果节位偏低。四是果实发育期缺水。五是过熟采收。

防治措施：为了防止西瓜空心，要综合运用栽培措施，创造有利于西瓜生长的生态环境。对西瓜已坐果但出现畸形瓜的，应及时摘除畸形瓜，增施三元复合肥，促使西瓜分枝，生长健壮，重新坐果。对正在坐果但播种偏迟的西瓜，要及时摘除第一节位幼瓜，选留第三或第四节位坐果，避免西瓜空心。西瓜授粉后果实膨大期严重缺水的瓜田，应及时适当灌水，防止脱水形成空心，避免喷施激素。

8. 裂瓜

症状：裂瓜发生在果实膨大期，果实纵向开裂，大部分是从尾端开始开裂，从而影响其品质和产量。西瓜裂瓜症状见图2-56。

发病规律：一是品种皮薄，容易造成裂瓜。二是当土壤长期缺水，而后突然浇大水，植株的营养物质向果实输送过多，此时果肉的生长速度比果皮的生长速度快，导致裂瓜。三是果实发育期前期温度较低，而后温度突然升高，促使果实迅速膨大而造成裂瓜。

图 2-56　西瓜裂瓜症状

防治措施：选择较耐裂的品种种植。注意水分的管理，尤其是进入开花结果期后，浇水不可忽大忽小。保护地栽培注意温度的控制，及时放风降温降湿。

9. 沤根

症状：幼苗出土后长期不发新根。幼根外皮锈褐色，逐渐腐烂，茎叶生长受到抑制，叶片逐渐发黄，不发新叶，病苗很容易从土中拔出，严重时病株萎蔫枯死。幼苗和成株沤根属生理性病害，主要是冬春雨雪或阴雨天气较多，光照严重不足，苗床或植地地温低，湿度大，幼苗呼吸作用受阻，吸水能力降低造成的。西瓜沤根症状见图2 57。

图 2-57　西瓜沤根症状

发病规律：抢早栽培的西瓜，栽培期间地温低，寒流侵袭频繁，放风不及时或放风量不够，地温低于12 ℃，持续时间长，就会发生沤根。沤根持续时间长，当茄病镰孢菌侵染根以后，就会转化成真菌引起的镰孢根腐病。

防治措施：选用耐低温、耐湿性强，适合保护地栽培的西瓜、小西瓜品种。降低土壤湿度，提高地温，是减轻西瓜幼苗沤根的根本性措施。西瓜、小西瓜出苗后至露心前，白天温度20～28℃ 为宜，尽可能让幼苗多见阳光，夜温保持15 ℃以上。棚外气温回升后，白天要注意放风，避免棚温过高，控制在30～32 ℃即可。棚内湿度大时，要通风散湿，阴雨天既要闷棚保温，又要防止棚内湿度过大，防止沤根发生。无论是日光温室还是塑料大棚种植西瓜，地温均应高于12 ℃，以利西瓜正常生长发育。发病初期喷洒磷酸二氢钾、腐殖酸等叶面肥。

10. 脐腐病

症状：在幼瓜膨大期容易发病，有时也会在果肉将要变红时发病，开始果实脐部呈水浸状暗绿色或深灰色，随病情发展很快变为暗褐色，病部瓜皮失水，顶部呈扁平或凹陷状，病斑有时有同心轮纹，果皮和果肉柔韧，一般不腐烂。病斑多为圆形，有时会因果实形状不正使病斑呈边缘平滑的不规则形，空气潮湿时病瓜常被某些真菌所腐生，会出现黑色霉层。西瓜脐腐病发病初期和后期症状见图2–58和图2–59。

图 2–58　西瓜脐腐病发病初期症状

图 2–59　西瓜脐腐病发病后期症状

发病规律：有些品种很容易发生脐腐病。施用氮肥过多会影响植株对钙的吸收，也会诱发脐腐病。在果实迅速膨大期天气干旱长期不浇水，造成植株果实与叶片争夺养分，导致果实脐部大量失水，诱发脐腐病。施用激素不合理也会出现脐腐病。

防治措施：选用脐腐病发病概率小的品种栽培。栽培田在整地时多施有机肥。在果实迅速膨大期适时适量施肥浇水，促进果实发育；有条件的可用0.5%氯化钙或1%过磷酸钙进行叶面喷雾，以补充植株体内钙的含量。合理使用农药，避免产生药害。

11. 日灼病

症状：日灼果是由强光直接长时间照射果实所致。主要发生在夏季露地西瓜生长中后期的果实上，果实被强光照射后，出现白色圆形或椭圆至不规则形大小不等的白斑，病部上常腐生有杂菌。西瓜日灼病症状见图2-60和图2-61。

图 2-60　西瓜日灼病症状

图 2-61　西瓜日灼部位后期常腐生有杂菌

发病规律：果实日灼斑多发生在朝西南方向的果实上。这是因为在一天中，阳光最强的时间是午后13:00～14:00，此时太阳正处于偏西南方向。日灼斑产生的原因是被阳光直射的部位表皮细胞温度增高，导致细胞死亡。此外水肥不足，导致植株生长过弱，枝叶不能遮挡果实，也会增加发病概率。

防治措施：注意合理密植，栽植不能过于稀疏，避免植株生长到高温季节仍不能“封垄”而使果实暴露在强烈的阳光之下。有条件的可进行遮阳网覆盖栽培。加强肥水管理，施用过磷酸钙作底肥，防止土壤干旱，促进植株枝叶繁茂。

12. 无头苗

症状：西瓜幼苗生长点退化，不能正常地抽生新叶，只有2片子叶，有的虽能形成1～2片真叶，但叶片萎缩，没有生长点。西瓜无头苗见图2-62。

图 2-62　西瓜无头苗

发病规律：一是育苗期间温度较低，幼苗生长点附有水珠，突然遇到寒流侵袭，造成幼苗生长点分化受到抑制，不能正常生长发育。二是陈种子生活力低。三是药害、肥害、闪苗、病虫害都能导致无头苗的出现。

防治措施： 选用新的发芽势强的种子播种育苗。加强苗床温度管理，及时通风，降低湿度，遇到连续低温期应注意提高棚室温度，晚上可用烟剂进行熏烟以降低棚室湿度。及时防治病虫害；合理使用农药，严格使用方法及使用浓度，不可随意加大用药量，避免药害的产生；施肥过程中应注意肥料施用量，对有些具有刺激性气味的肥料，施用后应注意及时放风。

13. 黄带果

症状： 将西瓜切开后，会看到果肉的维管束变为黄色发达的纤维质带。西瓜黄带果见图2-63。

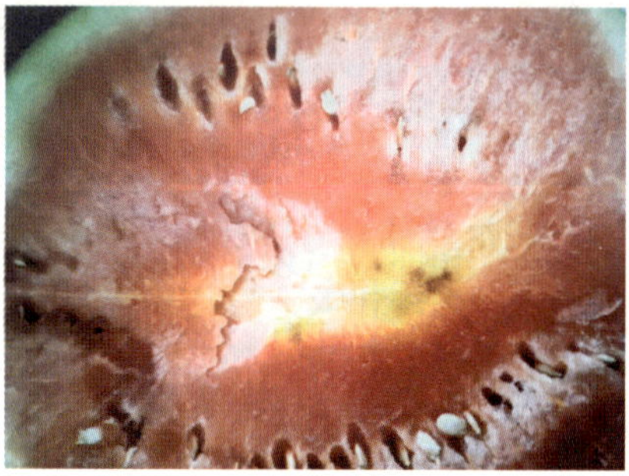

图 2-63　西瓜黄带果

发病规律： 植株长势过旺，在果实成熟过程中如果遇到低温或叶片大量受损，从茎叶向果实运送营养物质不足、运输受阻，使果实成熟时仍保留发达的维管束所致。采用南瓜砧木嫁接的西瓜也容易产生这种现象。土壤中缺钙、硼，高温干旱，土层干燥等因素都能影响钙的吸收，都会促进黄带果的增加。有黄带的果实糖度较低，口感差。

防治措施： 整地时可以施入含钙的肥料或施入适量石灰，加强肥水管理，适时适量追肥浇水，可叶面补施钙肥、硼肥；高温季节可适当加大浇水量，促进植株生长。

六、营养元素缺乏引发的生理性病害

1. 缺钙

症状： 叶缘黄化干枯，叶片向外侧卷曲，呈降落伞状，植株顶部一部分变褐而死，茎蔓停止生长，常引起果实畸形、顶端枯萎。钙缺乏与其他症状的区别：仔细观察生长点附近叶片黄化症状，如果叶脉不黄化呈花叶状，则可能是病毒病。同样的症状出现在中位叶上，而上位叶是健康的，则可能是缺乏其他元素。生长点附近萎缩，可能是缺硼。钙不足，引起植株软弱徒长、雌花不充实等。西瓜缺钙叶片和果实症状见图2-64和图2-65。

图 2-64　西瓜缺钙叶片症状

图 2-65　西瓜缺钙果实症状

发病规律： 以果实膨大期到成熟期发生为主。

防治措施： 遇长期干旱天气时，适时浇水，促进西瓜根系对硼素的吸收，进而提高对钙的吸收。增施石膏粉或含钙肥料，如叶面喷施过磷酸钙溶液。

2. 缺磷

症状： 根系发育差，植株细小。叶小，顶部叶浓绿色，下叶呈紫色。花芽分化受到影响，开花迟，成熟晚，而且容易落花和化瓜。果肉中往往出现黄色纤维和硬块，甜度降低，种子不饱满。西瓜缺磷叶片症状见图2-66。

图 2-66　西瓜缺磷叶片症状

发病规律： 苗期至花期发生。

防治措施： 每亩用过磷酸钙15 ~ 30 kg开沟追施。用0.4% ~ 0.5%过磷酸钙浸出液进行叶面喷施。同时，调整土壤水分和温度，促进根系发育，提高植株吸肥能力。

3. 缺钾

症状：植株生长缓慢，茎蔓细弱。叶面皱曲，下部叶尖及叶缘变黄，并渐渐地向内扩展，严重时还会向心叶发展，甚至叶缘也出现焦枯状。坐果率很低，已坐住的瓜，个头也小，含糖量低。西瓜缺钾叶片症状见图2-67。

图 2-67 西瓜缺钾叶片症状

钾缺乏与镁缺乏的区别：前者是从叶缘开始失绿，向内侧扩展，变色部分与绿色部分对比清晰，而后者是从叶内侧开始失绿。

发病规律：以果实膨大期到成熟期发生为主。

防治措施：施用化肥时，氮、磷、钾肥要合理搭配，防止氮肥施用过多。坐果后应结合浇水追肥1次，每亩施复合肥15 kg、硫酸钾10 kg。采用叶面追肥的方法，用0.1%的磷酸二氢钾水溶液喷施茎叶效果更好。

4. 缺镁

症状：果实膨大时，近旁的老叶叶脉间首先黄化失绿。在生长后期，除叶脉残留绿色外，叶脉间均变黄，严重时黄化部分变褐色，落叶。西瓜缺镁叶片症状见图2-68。

图 2-68 西瓜缺镁叶片症状

镁缺乏与其他症状的区别：生育初期、结瓜前发生失绿症，缺镁的可能性不大，可能是保护地内受到气体的伤害。注意失绿症发生的叶片位置，如果是上位叶发生失绿症可能是其他原因。缺镁时叶片不卷缩，如果硬化、卷缩应考虑其他原因。失绿症分为叶缘失绿并向内侧扩展和叶缘为绿色叶脉间失绿两种情况，前者为缺钾，后者为缺镁。

发病规律：伸蔓期至果实膨大期发生。

防治措施：在基肥中，每亩施硼镁肥6～8 kg可预防缺镁症状。

如已发生缺镁症状，可立即用0.1%～0.15%硫酸镁水溶液进行叶面喷洒，防止心叶黄化。

5. 缺硼

症状：新叶不伸展，叶面凸凹不平，叶色不匀。新蔓节间变短，蔓梢向上直立，且新蔓上有横向裂纹，脆而易断。断面呈褐色，严重时生长点死亡，停止生长，有时蔓梢上分泌红褐色膏状物。常造成花发育不全、果实畸形或不能正常结果。西瓜缺硼叶片和茎蔓症状见图2–69和图2–70。

图2–69 西瓜缺硼叶片症状

图2–70 西瓜缺硼茎蔓症状

发病规律：营养生长期至果实膨大期发生。

防治措施：适时浇水，提高土壤可溶性硼含量，以利植株吸收。定植前，每亩施硼砂1.5～2 kg，可有效防止缺硼症的发生。缺硼时，可及时喷洒0.2%的硼砂或硼酸水溶液。

6. 缺锌

症状：茎蔓条纤细，节间短，新梢丛生，生长受到抑制。多出现在中、下位叶，而上位叶一般不发生黄化。叶小丛生状，新叶上发生黄斑，渐向叶缘发展，全叶黄化，叶尖和叶缘向叶背翻卷并逐渐焦枯。出现开花少、坐瓜难等不良现象。西瓜缺锌叶片症状见图2–71。

图2–71 西瓜缺锌叶片症状

锌缺乏与钾缺乏的区别：前者是全叶黄化，渐渐向叶缘发展；后者是叶缘先黄化，渐渐向内发展。缺锌症状严重时，生长点附近的节间缩短。

发病规律： 全生育期均可发生。

防治措施： 在基肥中，每亩施硫酸亚锌1～2 kg可防止发生缺锌症。对已发生缺锌症的植株，应及时喷洒 0.1%～0.2%硫酸锌水溶液。可叶面喷施0.2%硫酸锌+0.1%熟石灰，连喷 2～3次。

7. 缺氮

症状： 植株生长缓慢，茎叶细弱，下部叶片绿色褪淡，茎蔓新梢间缩短，幼瓜生长缓慢，果实小，产量低。基部叶片开始发黄，逐步向新叶发展。西瓜缺氮叶片症状见图2–72。

图 2–72　西瓜缺氮叶片症状

发病规律： 苗期至营养生长期发生。

防治措施： 每亩用尿素10～15 kg（一般苗期缺氮，每株20 g左右；伸蔓期缺氮，每亩 9～15 kg；结瓜期缺氮，每亩15 kg左右），或每亩用人粪尿400～500 kg，兑水浇施。用0.3%～0.5%尿素溶液（苗期取下限，坐果前后取上限）叶面喷施。

8. 缺锰

症状： 首先新叶脉间发黄，主脉仍为绿色，使叶片产生明显的网纹状以后逐渐蔓延至成熟老叶。较重时，主脉也变黄。长期严重缺锰，致使全叶变黄。种子发育不充分，果实易畸形。西瓜缺锰叶片症状见图2–73。

图 2–73　西瓜缺锰叶片症状

发生规律： 营养生长期至果实膨大期发生。

防治措施： 播前用0.05%～0.1%硫酸锰溶液浸种12 h或结合整地做畦。每亩施硫酸锰 1～4 kg与有机肥混匀作基肥，以防锰缺乏。若发现缺锰，应及时用0.06%～0.1%硫酸锰溶液根外追施。

9. 缺铁

症状：首先在植株顶端的嫩叶上表现症状。初期或不严重时，顶端新叶叶肉失绿，呈淡绿色或淡黄色，叶脉仍保持绿色。随着时间的延长或严重缺铁，叶脉绿色变淡或消失，整个叶片呈黄色或黄白色。西瓜缺铁叶片症状见图2–74。

图 2–74　西瓜缺铁叶片症状

铁缺乏与其他症状的区别：在生长点附近的叶片开始出现黄化，新叶的叶脉间先黄化，逐渐全叶黄化，但叶脉间不出现坏死症状。如发现叶片黄化，及时补铁，可在黄白叶上方长出绿叶。缺铁的叶片呈鲜亮的黄化，叶缘正常，不停止发育。如果是全叶黄化则为缺铁症，如果上位叶是斑点状黄化，则可能是病毒病。

发生规律：营养生长期发生。

防治措施：增施有机肥对铁有活化的作用。改良土壤，碱性土壤施用酸性肥料，也可施用螯合铁等铁剂改良土壤。避免磷和铜、锰、锌等重金属过剩。田间出现缺铁症状时，可叶面喷洒0.1%～0.2%硫酸亚铁溶液。

第三部分　西瓜田间害虫识别与防控

昆虫种类繁多、数量大、繁殖力强、分布广，其中对人类有益的称为资源昆虫，极少数对人类有害的称为害虫，多数昆虫未被发现或鲜为人知。昆虫作为生物群落和食物网中的成员，对维持自然界生态平衡起着十分重要的作用。昆虫的繁殖方式可分为两性生殖、孤雌生殖、多胚生殖和卵胎生等方式。昆虫从卵中孵化而出至羽化为成虫的生长发育过程伴随着变态和蜕皮，包括卵期、幼虫期、蛹期和成虫期，昆虫从卵孵化出后，要经过一系列外部形态和内部器官的变化才能转变为成虫，分为不完全变态和完全变态两大类。

一、昆虫的特性

1. 世代和世代重叠　昆虫由卵开始到成虫性成熟繁殖后代的个体发育史称为一个世代。有的1年发生1代，有的1年发生多代，还有的多年发生1代。1年发生多代的昆虫，由于成虫期和产卵时间很长，后代个体发育不整齐，如蚜虫和菜蛾等，出现世代重叠。

2. 年生活史　一种昆虫在1年内发生的世代数及其生长发育的过程称为年生活史。年生活史包括1年内某种昆虫发生的世代数、各代历期及发生的时间、各虫态的数量变化规律、越夏和越冬场所等内容。

3. 休眠与滞育

（1）休眠：有些昆虫，在环境条件恶化时（主要指低温或饥饿）处于不食、不动、停止生长发育的状态，在不良环境条件消除后就可以恢复正常的生长发育状态。这种休眠现象主要由环境因素引起，很多昆虫在水分不足的情况下也会休眠。冬季低温引起越冬，夏季高温有些昆虫进入越夏。休眠主要是由外因决定的，当不良环境解除后，休眠即可解除。

（2）滞育：还有些昆虫，在不良环境尚未到来之前就进入停育状态，即使不良环境解除也不能恢复个体生长发育，必须经过一定的外界刺激，如低温、光照等，才能打破停育状态。具有滞育特性的昆虫都有各自固定的滞育虫态，如玉米螟只以老熟幼虫滞育。滞育主要是由内因（种的遗传性）引起的，光周期（一天中白昼与黑夜的相对长度）调控昆虫体内脑激素的变化，从而引发滞育，这是引起滞育的主要信号。

昆虫休眠和滞育的原因和规律，对于准确预测预报昆虫发生期、指导害虫防治有一定的意义。

二、昆虫的主要习性

（　）食性

昆虫在长期演化过程中所形成的选择取食对象的习性称为食性。按照昆虫食物范围的不同，可将昆虫的食性分为：

（1）单食性：昆虫只取食一种动植物，也称专食性，如葡萄天蛾只取食葡萄。

（2）寡食性：昆虫只取食一科或近缘科的动植物，如菜粉蝶只取食十字花科植物。

（3）多食性：昆虫可取食多种或多科的动植物，如菜螟、蝗虫和美洲斑潜蝇等。

（二）趋性

昆虫接受某种外界刺激后所做的定向运动称为趋性。趋性是昆虫在长期适应环境过程中形成的本能。根据反应的特点，趋性分为正趋性和负趋性两种，趋向刺激源的称为正趋性，反之为负趋性。

（1）趋光性：昆虫对光刺激的趋向性。大部分昆虫，特别是夜出活动的昆虫，如蛾类、金龟子、蝼蛄、叶蝉和飞虱等，对光源都有很强的正趋性。有的昆虫，主要是生活在黑暗环境中的昆虫，如臭虫和蜚蠊等，对光表现为负趋性，即背光性。

（2）趋化性：昆虫对一些化学物质的刺激所表现出的反应。其正、负趋化性通常与觅食、求偶、避敌、寻找产卵场所等有关。如菜粉蝶对十字花科蔬菜产生的芥子油有强烈的趋性；有些昆虫，如小地老虎和甘蓝夜蛾对糖醋液有较强的趋性；有些雄虫对雌虫产生的性激素有较强趋性等。可以利用昆虫对某些化学物质的趋性特点来诱杀害虫。

（三）假死性

昆虫受到刺激后，全身表现反射性抑制状态的现象称为假死性。如金龟子受到振荡后，足、翅突然收缩，落于地面，不动不食。可以利用昆虫这一特点来集中捕杀害虫。

（四）群集、扩散与迁飞

同种昆虫的大量个体高密度聚集在一起的现象称为群集性。只是在某一虫态和一段时间内群集在一起，过后就分散的称为临时性群集。如天幕毛虫的低龄幼虫进行临时群集生活，老龄后即分散生活；一些瓢虫和叶甲等往往在越冬时群集在一起，当度过寒冬后即分散生活。终生群集在一起的称为永久性群集，如社会性昆虫蜜蜂、白蚁和东亚飞蝗等。但有时二者的界限并非十分明显。

昆虫因密度效应或因觅食、求偶、寻找产卵场所等，由原发生地向周边转移、分散的过程称为扩散，如蚜虫。昆虫通过飞行而大量、持续地远距离迁移的现象称为迁飞，如东亚飞蝗。扩散与迁飞的行为有利于昆虫的觅食、繁衍生殖和扩大生存空间。

三、园艺昆虫的主要分类

昆虫分类有利于人们认识昆虫，了解其亲缘关系和生存发展规律，为保护和利用有益昆虫、控制害虫提供方便。园艺昆虫主要目的特征见表3–1。

表3–1　园艺昆虫主要目的特征

目	主要特征			代表昆虫
	翅	口器	其他	
直翅目	前翅覆翅，后翅膜质	咀嚼式	不完全变态，体中至大型，触角多为丝状，后足跳跃足或前足开掘足；雌虫多有发达的产卵器，听器位于前足胫节或腹部第1节上，雄虫常会发音	东亚飞蝗、非洲蝼蛄
鳞翅目	翅2对，膜质，各具1个封闭的中室，翅面被有鳞片	虹吸式	完全变态，体小至大型；成虫复眼多发达，触角形状多样，腹部10节，无尾须，取食花蜜、果汁；幼虫多足型，腹足有趾钩；蛹为被蛹	菜粉蝶、棉铃虫
鞘翅目	前翅角质坚硬，后翅膜质或退化	咀嚼式	完全变态，体小至大型，体壁坚硬，口器咀嚼式，复眼发达，多数无单眼，前胸背板发达，中胸只露出三角形小盾片	东北大黑鳃金龟
半翅目	前翅半鞘翅，后翅膜质	刺吸式	不完全变态，体小至大型，扁平，喙出自头部前端，前胸背板发达，中胸小盾片常呈三角形，多具臭腺	菜蝽、茶翅蝽
同翅目	翅通常2对，也有1对和无翅的，前翅质地均匀，膜翅或覆翅	刺吸式	不完全变态，体小至大型，常有蜡腺	温室白粉虱、瓜蚜
膜翅目	膜翅，前翅大于后翅，以翅钩列连接	咀嚼式或嚼吸式	完全变态，体微小至大型，多具并胸腹节，腹部第1节多向前并入后胸，腹部第2节常细小呈腰状；雌虫多有锯状或针状产卵器	菜叶蜂、小茧蜂
双翅目	前翅膜质，后翅为平衡棒	舐吸式或刺吸式	完全变态，复眼大，单眼3个；幼虫无足型	美洲斑潜蝇

续表

目	主要特征			代表昆虫
	翅	口器	其他	
缨翅目	缨翅，翅狭长，边缘密生缨状长毛，翅脉少或无翅脉	锉吸式	不完全变态，体微小至小型；成虫体长一般为0.5～7 mm；雌虫产卵器为锯状或管状	葱蓟马
脉翅目	翅2对，膜质透明，翅脉为网状，前、后翅形状、大小和翅脉相近	咀嚼式	完全变态，触角类型多样	草蛉

四、昆虫生态及预测预报

（一）气候因子对昆虫的影响

1. 温度 昆虫是变温动物，体温随周围环境的变化而波动。昆虫的新陈代谢等生命活动在一定温度条件下才能实现，而维持其生命活动所需热源有太阳辐射热和体内新陈代谢所产生的化学热，但主要为太阳辐射热。因此，环境温度不仅是昆虫进行积极生命活动所必需的一个条件，而且是对昆虫影响最为显著的一个因子。

大多数昆虫生长发育对温度的变化范围有一定的要求，在该范围内，昆虫寿命最长、生命活动旺盛、发育正常进行，这个范围称为适宜温区或有效温区。有效温区的下限是昆虫开始生长发育的起点温度；有效温度的上限是昆虫因温度过高而生长发育被抑制的温度，称为临界高温，一般为35～45 ℃。在发育起点温度以下或高温临界温度以上，有一段低温区或高温区，分别称为停育低温区或停育高温区。在停育低温区以下或停育高温区以上，昆虫因过冷或过热而死亡，称为致死低温区或致死高温区。致死低温区一般为-40～-10 ℃，致死高温区一般为45～60 ℃（表3-2）。温度一是影响昆虫的生长发育速度。在有效温区内，发育速度与温度成正比，温度越高，发育速度越快，其发育所需天数越少。二是影响昆虫的生殖能力。温度适宜时生殖力强；温度过低或过高时生殖力均下降。三是影响昆虫寿命。温度升高，寿命下降。另外，温度对昆虫的活动范围也有一定的影响。

表3–2　温度对温区昆虫的作用及温区划分

<table>
<tr><th>温度/℃</th><th colspan="2">温区</th><th>温度对昆虫的作用</th></tr>
<tr><td>45 ~ 60</td><td colspan="2">致死高温区</td><td>短时间内造成昆虫死亡</td></tr>
<tr><td>40 ~ <45</td><td colspan="2">停育高温区</td><td>死亡取决于高温的强度和持续时间</td></tr>
<tr><td>30 ~ <40</td><td rowspan="3">适宜温区</td><td>高温适区</td><td>发育速度随温度升高而减慢</td></tr>
<tr><td>22 ~ <30</td><td>最适温区</td><td>死亡率最小，生殖力最强，发育速度接近最快</td></tr>
<tr><td>10 ~ <22</td><td>低适温区</td><td>发育速度随温度降低而减慢</td></tr>
<tr><td>–10 ~ –8</td><td colspan="2">停育低温区</td><td>代谢过程变慢，引起生理功能失调，死亡取决于低温的强度和持续时间</td></tr>
<tr><td>–40 ~ <–10</td><td colspan="2">致死低温区</td><td>因组织结冰而死亡</td></tr>
</table>

2. 湿度　昆虫体内水分的含量一般较高，大部分为50%~90%。昆虫体内的水分来源主要是食物内的水分，其次是直接饮水。昆虫通过排泄、呼吸、体壁蒸发散失水分。湿度对昆虫的影响包括空气相对湿度和降雨等。相对湿度一是影响昆虫的发育速度，在一定温度条件下，湿度越高，发育速度越快。二是影响昆虫成虫的存活率，在合适的温度条件下，较高的相对湿度，昆虫的成活率较高。三是影响昆虫的繁殖力，如一定温度下，小地老虎成虫在相对湿度 90% 时的产卵量比相对湿度 60% 条件下的产卵量要增加 1 倍。降水对昆虫的影响在于影响空气湿度和土壤含水量，从而影响植物的生长状况，间接影响昆虫。暴雨对一些弱小的昆虫，如蚜虫和螨类等有机械冲刷作用。另外，大的降雨过程对一些迁飞性昆虫也会产生影响。昆虫对湿度的适应也有一定的变化范围，一般较大。

3. 光　光对昆虫生命活动的影响主要取决于光的性质、光照度和光周期的变化。

光的性质主要指光的波长。不同的昆虫对不同波长光的趋性不同，光波长为365 ~ 400 nm的光灯对很多夜蛾科昆虫的诱虫效果比白炽灯要高10% ~ 20%。人眼所能看见的光区为400 ~ 760 nm，而昆虫的可见光区为253 ~ 700 nm，偏于短波光，它们可以看到人所看不见的紫外线。人们可以利用昆虫对不同波长光的这种趋性特点对其进行诱杀或忌避，如用黑光灯诱蛾。

光照度主要影响昆虫的节律和习性，对昆虫的活动或行为影响明显，表现在对昆虫的日出性和夜出性、趋光性和背光性等昼夜活动规律的影响。

光周期指一昼夜中光照与黑暗交替的节律，一般用光照时数表示。光周期的年变化是逐日地有规律地增加或有规律地减少，具有稳定性，对昆虫的生命活动起着重要的信息作用，是引起昆虫滞育的主要信号。

4. 风 风对昆虫的迁飞和扩散起着重要作用。迁飞过程中，如果遇到大风天气，种群数量和分布将会受到重要影响。小型昆虫，如蚜虫、飞虱等的扩散都会受到风力的影响。风力变化还会影响环境的温度和湿度，间接对昆虫产生作用。

（二）生物因子对昆虫的影响

生物因子包括食物因子、天敌因子和其他相关的生物因子。

1. 食物因子 食物是昆虫的生存基础，昆虫通过取食植物、动物或其产物构成自身和满足自己对能量的要求。在长期演化的过程中，昆虫逐渐形成了各自特殊的取食习性，主要分为以下4种类型。

（1）植食性：以活植物为食，多为农业害虫。

（2）肉食性：以活动物为食，多为天敌昆虫，又分为捕食性和寄生性两类。

（3）腐食性：以死亡的动、植物或腐败物为食。

（4）杂食性：可以取食各种动、植物的产品。

昆虫取食适合其生长的食物，则个体大、寿命长、产卵量多、发生期早。若昆虫取食不适宜食物，则发育速度和生殖力都会受到影响，死亡率也高。

2. 天敌因子 在自然界中，昆虫常因其他生物的捕食或寄生而死亡，使种群的发展受到抑制。昆虫天敌的种类很多，大体可归纳为3大类。

（1）天敌昆虫：天敌昆虫分为捕食性天敌和寄生性天敌两大类。捕食性天敌，如瓢虫、草蛉、虎甲和步甲等，这类天敌都较寄主个体大、捕杀效果快。寄生性天敌，如寄生卵的赤眼蜂、寄生幼虫的绒茧蜂，以及寄生于若虫或成虫的蚜茧蜂等。寄生性天敌一般都较寄主小得多，对寄主的选择性比较严格，使寄主昆虫致死的时间比较长。

（2）昆虫病原微生物：有些微生物可以寄生昆虫，导致昆虫死亡，包括一些细菌、真菌、病毒和线虫等。

（3）其他有益动物：除昆虫外，自然界有些动物以害虫为食物，可以利用它们来防治害虫，如一些捕食性的螨类、蜘蛛、鸟类、鱼类和蛙类等。

（三）土壤因子对昆虫的影响

绝大多数昆虫的某一虫态或一生生活于土壤中，与土壤发生直接或间接的关系。土壤对昆虫的影响主要表现在以下两个方面。

1. 土壤温度和湿度　土壤温度变化相对比较稳定，越到深层，土壤温度变化越小，昆虫随着土壤温度的变化而上升或下降。如蝼蛄在春、秋季节上升到地面为害，冬季寒冷季节和夏季高温季节便下降到深层的土壤中潜伏生活。湿度一般是比较高的，经常处于饱和状态。有些昆虫将不活动的虫态，如卵，产于土中。

2. 土壤理化性质　土壤的理化性状主要包括土壤的机械组成、土壤的酸碱度、土壤的有机质含量等内容。这些性状影响昆虫的分布和为害，可以通过改善耕作制度和栽培条件以及改善园艺植物的土壤环境，使土壤有利于园艺植物生长而不利于害虫发生。

（四）昆虫发生期和发生量预测

1. 发生期预测　发生期预测是预测某种昆虫的某一发生阶段（如虫龄、虫态等）出现的日期。

（1）物候预测法：物候是指各种生物现象出现的季节规律性，是气候条件（温度、湿度、光照等）影响的综合表现。通过长期观察和多年验证，可以找出某些昆虫的发生时期与当地的自然现象或某种植物的特殊发育阶段（如萌芽、开花、现蕾）之间的关系，以确定某些物候现象作为某种昆虫的某一虫态发生期的预测依据。如梨树芽膨大裂缝时，是梨大食心虫越冬幼虫出蛰为害转芽的时期；陕西地区有小地老虎越冬代成虫“桃花一片红，发蛾到高峰；榆钱落，幼虫多”的说法。可以通过这些规律来预报这些害虫的发生时期。

（2）期距预测法：利用昆虫各虫态出现的时间之间的期距，即昆虫由前一个虫态发育到后一个虫态，或前一个世代发育到后一个世代所经历的天数，推算后一个虫态或世代的发生期。可采用诱集观察法、田间调查法和人工饲养法获得不同昆虫的期距。

（3）有效积温预测法：利用有效积温预测法对昆虫的发生时间进行预测。

2. 发生量预测 根据某一昆虫的虫源基数、形态特征或其他指标，预测昆虫未来数量变化的方法，称为发生量预测。发生量预测主要有以下3种方法。

（1）环境因子法：以气象因子的动态变化为依据，根据一年中气象因素的变化规律和当年某种昆虫的发生情况，结合该种昆虫多年数量变化与气象因子的相关规律，对昆虫的数量做出预测。

（2）害虫基数法：根据前一代某种昆虫的虫口基数情况，预测下一代该昆虫发生数量的多少。

（3）形态指标法：有些环境条件对昆虫的影响可以通过昆虫的内外形态特征表现出来，如虫型变化、雌雄比例等。可用昆虫的内外形态变化作为指标，对该昆虫未来发生的数量进行预测，这种方法称为形态指标法。如飞虱发生时，如果短翅型比例增多，未来数量将会增加。

五、西瓜主要害虫与防治

1. 蛴螬

别名：土蚕、老母虫。

为害症状：蛴螬咬食幼苗嫩茎，根被钻成孔眼，当植株枯黄而死时，它又转移到别的植株继续为害。此外，因蛴螬造成的伤口还可诱发病害发生。蛴螬为害西瓜根茎部见图3-1。

图 3-1　蛴螬为害西瓜根茎部

发生规律：蛴螬1~2年1代，幼虫和成虫在土中越冬，成虫即金龟子，白天藏在土中，20：00 ~ 21：00进行取食等活动。蛴螬有假死性和负趋光性，并对未腐熟的粪肥有趋性。成虫交配后10 ~ 15天产卵，产在松软湿润的土壤内，以水浇地最多，每头雌虫可产卵100粒左右。

幼虫蛴螬始终在地下活动，与土壤温湿度关系密切。当10 cm土温达5 ℃时开始上升至土表，13 ~ 18 ℃时活动最盛，23 ℃以上则往深土中移动，至秋季土温下降到其活动适宜范围时，再移向土壤上层。因此，蛴螬对果园苗圃、幼苗及其他作物的为害主要是春秋两季最重。土壤潮湿活动加强，尤其是连续阴雨天气，春、秋季在表土层活动，夏季时多在清晨和夜间到表土层活动。

防治措施：

（1）农业防治。应抓好蛴螬的防治，如大面积秋、春耕，并随犁拾虫；避免施用未腐熟的厩肥，减少成虫产卵；合理灌溉，即在蛴螬发生严重地块，合理控制灌溉或及时灌溉，促使蛴螬向土层深处转移，避开幼苗最易受害时期。

（2）药剂防治。药剂处理土壤，用5%辛硫磷颗粒剂200 ~ 250 g/亩，加水稀释10倍，喷于25 ~ 30 kg细土上拌匀成毒土，顺垄条施，随即浅锄，或以同样用量的毒土撒于种植沟或地面，随即耕翻，或结合灌水施入；或用5%辛硫磷颗粒剂2.5 ~ 3 kg/亩处理土壤。以上都能取得良好效果，并兼治金针虫和蝼蛄。

2. 蚜虫

别名：腻虫。

为害症状：西瓜田蚜虫主要是棉蚜。其主要以成虫和若虫在叶片背面和嫩梢、嫩茎、花蕾和嫩尖上吸食汁液、分泌蜜露。嫩叶及生长点被害后，叶片卷缩，生长停滞，甚至全株萎蔫死亡。成株叶片受害，提前枯黄、落叶，结瓜期缩短，从而造成减产。此外，蚜虫还能传播病毒病。西瓜苗期蚜虫为害症状见图3-2。

图 3-2　西瓜苗期蚜虫为害症状

发生规律：华北地区每年发生10多代，长江流域20～30代。在具备瓜蚜繁殖的温度条件下，南方和北方均可周年发生。瓜蚜对黄色有较强的趋性，对银灰色有忌避习性。

防治措施：防治应以农业防治为基础，加强栽培管理，以培育出“无虫苗”为主要措施，合理使用化学农药，积极开展物理防治。

（1）农业防治。育苗前彻底熏杀残余的蚜虫，清理杂草和残株，以及在通风口增设尼龙纱等，控制外来虫源，培育出“无虫苗”。避免黄瓜、番茄、菜豆混栽，以免为蚜虫创造良好的生活环境，加重为害。

（2）物理防治。蚜虫对黄色有强烈诱集作用，在温室内设置黄板（1 m×0.17 m纤维板或硬纸板，涂成橙黄色，再涂上一层黏油，每亩32～34块）诱杀成虫效果显著。黄板设置于行间与植株高度相平，黏油（一般使用10号机油加少许黄油调匀）7～10天重涂一次，要防止油滴在作物上造成烧伤。

（3）药剂防治。蚜虫发生盛期，可采用10%吡虫啉可湿性粉剂1 500～2 000倍液；25%噻虫嗪可湿性粉剂2 000～3 000倍液；3.2%烟碱川楝素水剂200～300倍液；5%鱼藤酮微乳剂600～800倍液。均匀喷雾，视虫情间隔7天左右喷1次。

在保护地内，选用10%氰戊菊酯烟剂，或用22%敌敌畏烟剂0.5 kg/亩、15%吡·敌敌畏烟剂200～400 g/亩，用背负式机动发烟器施放烟剂，效果也很好。

3. 蝼蛄

别名： 非洲蝼蛄、小蝼蛄、拉拉蛄、地拉蛄、土狗崽等。

为害症状： 蝼蛄主要生活在土中，以成虫、若虫为害作物。蝼蛄能在表土中来回跑动，喜食刚萌芽的种子及幼根和嫩茎，同时造成地表隧道纵横。隧道通过处，种子不易发芽或发芽后因落干而死亡。蝼蛄见图3-3。

图 3-3　蝼蛄

发生规律： 华北蝼蛄3年完成1代，以成虫和若虫在冻土层以下越冬，春天、夏初产卵孵化，当年以8~9龄若虫越冬，第二年以12～13龄若虫越冬，第三年秋羽化为成虫，第四年交配产卵。非洲蝼蛄1年完成1代，以成虫或若虫越冬。

蝼蛄不管成虫还是若虫都在夜间为害，以21：00～23：00取食活动最盛。尤喜欢在轻度盐碱地活动并产卵。1～2龄群集，3龄以后分散。对灯光、黑光灯有较强趋光性。对有香味的、发酵的豆饼、麦麸、煮至半熟的马粪等有趋性。喜居在pH值为7.5左右的河岸旁和菜园地等潮湿的环境中，10～20 cm土壤相对湿度在20%以上时活动最盛，低于15%则活动减少。

防治措施：

（1）农业防治。深翻土壤、精耕细作，造成不利蝼蛄生存的环境，减轻为害；施用腐熟的有机肥料，不施用未腐熟的肥料；在蝼蛄为害期，追施碳酸氢铵等化肥，散出的氨气对蝼蛄有一定驱避作用；实行合理轮作，有条件的地区实行水旱轮作，可消灭大量蝼蛄，减轻为害；蝼蛄发生为害期，利用黑光灯、白炽灯诱杀成虫，尤以高温天气、闷热天气的夜晚诱杀效果最好。

（2）物理防治。毒饵诱杀，先将麦麸、豆饼、秕谷、棉籽饼或玉米碎粒等炒香，按饵料重量的0.5%～1%的比例加入90%晶体敌百虫，用少量温水溶解，倒入饵料中拌匀，再根据饵料干湿程度加适量水，拌至用手攥稍出水即成。每亩施毒饵1.5 ~ 2.5 kg，于傍晚时撒在已出苗的瓜地或苗床的表土上，或随播种、移栽定植时撒于播种沟或定植穴内。制成的毒饵限当日撒施。

（3）药剂防治。播种前，用50%辛硫磷乳油，按种子重量的0.1% ~ 0.2%拌种，堆闷12 ~ 24 h后播种。当田间蝼蛄发生为害严重时，可采用3%辛硫磷颗粒剂1.5 ~ 2 kg；2%氟氯氰菊酯颗粒剂1 ~ 3 kg；1.5%甲维·氟氯氰颗粒剂2~3 kg；0.1%甲维·氟氯氰颗粒剂30 ~ 45 kg。兑细土15 ~ 30 kg混匀撒于地表，在耕耙或栽植前沟施毒土。

4. 蓟马

别名：棕榈蓟马、棕黄蓟马。

为害症状：成虫、若虫锉吸嫩梢、嫩叶、花和幼果的汁液，被害嫩叶、嫩梢变硬缩小，植株生长缓慢。常年越冬代成虫在5月上中旬始见，6 ~ 7月数量上升，8 ~ 9月为为害高峰期，在夏秋高温季节发生严重。

成虫怕光，多在未张开的叶上或叶背活动。成虫能飞善跳，能借助气流进行远距离迁飞。卵散产于植株的嫩头、嫩叶及幼果组织中。1、2龄若虫在寄主的幼嫩部位穿梭活动，活动十分活跃，锉吸汁液，躲在这些部位的背光面。3龄若虫不取食，行动缓慢，落到地上，钻到3 ~ 5 cm的土层中，4龄在土中化“蛹”。在平均气温23.2 ~ 30.9 ℃时，3、4龄所需时间3 ~ 4.5天。羽化后成虫飞到植株幼嫩部位为害。蓟马为害西瓜嫩梢和果实的症状见图3–4和图3–5。

发生规律：多以成虫在茄科、豆科、杂草或在土缝下、枯枝落叶中越冬，少数以若虫越冬。棕榈蓟马成虫具有较强的趋蓝性、趋嫩性和迁飞性，爬行敏捷、善跳、怕光。平均每头雌虫可产卵50粒，卵产于生长点及幼瓜的茸毛内。可两性生殖和孤雌生殖，初孵若虫群集为害，1 ~ 2龄多在植株幼嫩部位取食和活动，老熟若虫自落地入土发育为成虫。棕榈蓟马若虫最适宜发育温度25 ~ 30 ℃，土壤相对湿度20%左右。卵历期5 ~ 6天，若虫期9 ~ 12天。

图3-4　蓟马为害西瓜嫩梢的症状

图 3-5　蓟马为害西瓜果实的症状

防治措施：要连片种植，不要与其他寄主植物混栽，避免棕榈蓟马在其中互相转移，造成严重为害。在大面积种植区采用喷灌的方法，能抑制其数量的发展，减轻为害。

（1）农业防治。管理好苗床，培育无虫苗，防止蓟马传播扩散。采用营养土穴盘育苗，地膜覆盖栽培，减少成虫出土为害。加强水肥管理，使植株生长健壮，增强耐害力。清除田间残株、杂草，减少虫源。在换茬期间进行土壤消毒或夏季高温闷棚灭虫。

（2）物理防治。棚室通风口、门窗增设防虫网。蓟马成虫对蓝色趋性最强，每亩挂20片蓝色黏板，规格20 cm × 25 cm，双面诱捕成虫效果好；也可用黄色黏板。此外，用紫外线阻断膜作棚膜，可有效防除蓟马，并兼治菌核病、灰霉病等。

（3）生物防治。注意保护利用天敌。蓟马的天敌种类较多，如小花蝽、中华微刺盲蝽及捕食螨等，对蓟马有良好的抑制作用。应减少或避免使用对天敌杀伤力强的拟除虫菊酯类杀虫剂；乙基多杀菌素、溴虫腈、苦参碱、杀虫双、杀螟丹等具有高效低毒和对天敌较安全的特点，可适当选用或与其他药剂轮用。

（4）药剂防治。检查每个嫩头或心叶有成虫3 ~ 5头时，可采用60 g/L乙基多杀菌素悬浮剂40 ~ 50 mL/亩；10%溴氰虫酰胺可分散油悬浮剂33.3 ~ 40 mL/亩；40%氟虫 · 乙多素水分散粒剂10 ~ 14 g/亩；10%吡虫啉可溶液剂2 000倍液。均匀喷雾，视虫情间隔5天再喷1次。

5. 黄守瓜

别名：印度黄守瓜、黄足黄守瓜、黄虫、黄萤。

为害症状：成虫取食瓜苗的叶和嫩茎，常常引起死苗，也为害花及幼瓜，使叶片残留若干干枯环或半环形食痕或圆形孔洞。黄守瓜为害西瓜叶片症状见图3–6。

图 3–6　黄守瓜为害西瓜叶片症状

发生规律：每年3～4月开始活动，瓜苗3~4片叶时为害叶片。成虫喜在温暖的晴天活动，一般以上午10时至下午3时活动最烈，阴雨天很少活动或不活动，成虫受惊后立即飞离逃逸或假死，耐饥力很强，有趋黄习性。

防治措施：成虫发生初期，可采用0.5%甲氨基阿维菌素苯甲酸盐乳油3 000倍液+4.5%高效顺式氯氰菊酯乳油2 000倍液；100 g/L三氟甲吡醚乳油3 000～4 000倍液；5.1%甲维·虫酰肼乳油3 000～4 000倍液；44%氯氰·丙溴磷乳油2 000~3 000倍液。兑水喷雾。

6. 朱砂叶螨

别名：棉花红蜘蛛、红叶螨。

为害症状：以若虫和成虫在寄主的叶背面吸取汁液，受害叶初期叶片灰白色发黄，严重时变锈褐色，造成早落叶，严重时吐丝结网，植株枯死。朱砂叶螨为害西瓜叶片发黄症状见图3–7，朱砂叶螨为害西瓜叶片吐丝结网症状见图 3–8。

发生规律：在长江流域一年发生15～18代。以成螨、若螨、卵

图 3–7　朱砂叶螨为害西瓜叶片发黄症状

图 3–8　朱砂叶螨为害西瓜叶片吐丝结网症状

在寄主的叶片下、土缝里或附近杂草上越冬。每年4～5月迁入菜田，6～9月陆续发生为害，以6～7月发生最重。温、湿度与朱砂叶螨数量消长关系密切，尤以温度影响最大，当温度在28 ℃左右，相对湿度35%～55%时，最有利于朱砂叶螨发生，但温度高于34 ℃，朱砂叶螨停止繁殖，低于20 ℃，繁殖受抑。朱砂叶螨有孤雌生殖习性，未受精的卵孵化为雄虫。卵孵化时，卵壳开裂，幼虫爬出，先静止在叶片上，经蜕皮后进入第1龄虫期。幼虫及前期若虫活动少，后期若虫活跃而贪食，有趋嫩的习性，虫体一般从植株下部向上爬，边为害边上迁。

防治措施：

（1）农业防治。栽培中选用无螨秧苗。选用早熟品种，避开害螨发生高峰。清除田间杂草。

（2）药剂防治。田间发现为害时，及时采用20%甲氰菊酯乳油1 000～2 000倍液；15%哒螨灵乳油1 500～3 000倍液；5%唑螨酯悬浮剂2 000～3 000倍液；73%炔螨特乳油2 000～3 000倍液；5%噻螨酮乳油1 500～2 000倍液。兑水喷雾，视虫情隔7～10天喷1次，为提高防治效果，可在药液中混加增效剂或洗衣粉等，并采用淋洗式喷药。喷药时，重点喷洒植株上部的幼嫩部位，如嫩叶背面、嫩茎、花器、幼果等。

保护地可用10%哒螨灵烟剂400～600 g/亩，熏烟。

7. 瓜绢螟

别名：瓜螟、瓜野螟。

为害症状：幼龄幼虫在叶背啃食叶肉，呈灰白斑。3龄后吐丝将叶或嫩梢缀合，居其中取食，使叶片穿孔或缺刻，严重时仅留叶脉。幼虫可蛀入瓜内，影响产量和质量。瓜绢螟为害西瓜叶片和果实见图3–9和图3–10。

发生规律：常年越冬代成虫在5月中旬至6月上旬灯下始见，为害高峰期在8～10月，年份间发生极不平衡。发生数量多，世代重叠，为害严重。11月后进入越冬期。成虫夜间活动，稍有趋光性，雌蛾在叶背产卵。幼虫3龄后卷叶取食，蛹化于卷叶或落叶中。

图 3-9　瓜绢螟为害西瓜叶片

图 3-10　瓜绢螟为害西瓜果实

防治措施：

（1）农业防治。清洁田园，瓜果采收后将枯藤落叶收集沤埋，可压低下代或越冬虫口基数。人工摘除卷叶，捏杀部分幼虫和蛹。提倡用螟黄赤眼蜂防治瓜绢螟。此外在幼虫发生初期，及时摘除卷叶，置于天敌保护器中，使寄生蜂等天敌飞回大自然或瓜田中，但害虫留在保护器中，以集中消灭部分幼虫。

（2）物理防治。加强瓜绢螟预测预报，采用性诱剂或黑光灯预测发生期和发生量。提倡架设频振式或微电脑自控灭虫灯，这对瓜绢螟有效，还可以减少蓟马、白粉虱的为害。提倡采用防虫网，防治瓜绢螟兼治黄守瓜。

（3）药剂防治。田间发现为害时，及时采用2%阿维菌素乳油2 000倍液；2.5%敌杀死乳油1 500倍液；20%氰戊菊酯乳油2 000倍液；5%高效氯氰菊酯乳油1 000倍液。苗期可用15%溴氰虫酰胺悬浮剂2.6 ~ 3.3 mL/m^2进行苗床喷淋。

8. 小地老虎

别名：地蚕、土蚕、切根虫。

为害症状：成虫昼伏夜出，喜食花蜜、糖醋液及其他发酵物，对黑光灯也有较强趋性。1 ~ 2龄幼虫昼夜活动，咬食嫩茎、叶片，3龄以后白天潜伏在表土下，夜间活动为害。瓜苗定植伸蔓后，幼虫逐渐转入瓜田为害，咬断嫩茎并将其拖入土穴内取食，4~6龄暴食。幼虫有假死性，遇惊就蜷缩成环形。第一、二代幼虫在春季为害最严重，夏秋季也有为害。小地老虎为害西瓜症状见图3-11，小地老虎幼虫和成虫见图3-12和图3-13。

图 3-11　小地老虎为害西瓜症状

图 3-12　小地老虎幼虫

图 3-13　小地老虎成虫

发生规律：小地老虎一年发生3～4代，老熟幼虫或蛹在土内越冬。早春3月上旬成虫开始出现，一般在3月中下旬和4月上中旬会出现两个发生盛期。成虫的活动性和温度有关，成虫白天不活动，傍晚至前半夜活动最盛，在春季夜间气温达8 ℃以上时即有成虫出现，但10 ℃以上时数量较多、活动愈强；喜欢吃酸、甜、酒味的发酵物、泡桐叶和各种花蜜，并有趋光性，对普通灯光趋性不强，对黑光灯极为敏感，有强烈的趋化性。成虫多在下午3时至晚上10时羽化，白天潜伏于杂物及缝隙等处，黄昏后开始飞翔、觅食，3～4天后交配、产卵。卵散产于低矮叶密的杂草和幼苗上，少数产于枯叶、土缝中，近地面处落卵最多，每只雌虫产卵800～1 000粒，多达2 000粒；卵期约5天，幼虫6龄，个别7～8龄，幼虫期在各地相差很大，但第一代为30～40天。幼虫老熟后在深约5 cm土室中化蛹，蛹期9～19天。

防治措施：

（1）农业防治。冬春除草，消灭越冬幼虫；生长期清除田间周围杂草，以防小地老虎成虫产卵；诱杀成虫，用黑光灯或糖醋液诱杀成虫（糖醋液是糖、醋、酒各1份，加水100份，加少量敌百虫）。

（2）生物防治。天敌有知更鸟、鸦雀、蟾蜍、鼬鼠、步行虫、寄生蝇、寄生蜂等。

（3）化学防治。毒饵诱杀，可用90%敌百虫可溶性粉剂0.25 kg，加水4 ~ 5 kg，喷到炒过的20 kg菜籽饼或棉籽饼内，做成毒饵，傍晚撒在秧苗周围。毒食杀虫，也可用敌百虫0.5 kg，溶解在2.5 ~ 4.0 kg水中，喷于60 ~ 75 kg菜叶、西瓜瓜肉或鲜草上，于傍晚撒在田间诱杀，每亩用7.5 ~ 10 kg，严重时隔2 ~ 3天再用一次。

一般虫龄较大时可采用毒饵诱杀。可选用90%晶体敌百虫0.5 kg或50%辛硫磷乳油500 mL，加水2.5 ~ 5 L，喷在50 kg碾碎炒香的棉籽饼、豆饼或麦麸上，于傍晚在受害作物田间每隔一定距离撒一小堆，或在作物根际附近围施，每公顷用75 kg。毒草可用90%晶体敌百虫0.5 kg，拌砸碎的鲜草75 ~ 100 kg，每公顷用225 ~ 300 kg。

9. 白粉虱

别名：小白蛾子。

为害症状：成虫和若虫群集叶背吸食植物汁液，引起植株生长受阻，叶片变黄、褪绿、萎蔫，甚至全株枯死。此外，粉虱为害时分泌蜜露严重污染叶片和果实，往往引起煤污病的发生，影响植株光合作用。白粉虱为害西瓜叶片见图3-14。

图 3-14　白粉虱为害西瓜叶片

形体特征：若虫呈长椭圆形，扁平，淡黄色至黄绿色；成虫虫体黄色，翅面覆盖白色蜡粉，前翅脉有分叉，左右翅合拢平坦。

发生规律：全生育期均可发生。

防治措施：

（1）农业防治。培育栽植无虫苗；育苗前清除杂草和残株，集中烧毁或深埋；通风口设尼龙纱网，防止外来虫源；与十字花科蔬菜进行轮作；在温室、大棚门窗或通风口，悬挂白色或银灰色塑料薄膜条，驱避成虫侵入；在粉虱发生初期，可在温室内设置黄板诱杀成虫。

（2）药剂防治。害虫发生盛期，可采用2.5%噻虫嗪水分散粒剂6 000～8 000倍液；20%啶虫脒乳油3 000～4 000倍液；25%噻嗪酮可湿性粉剂1 000倍液；2.5%氯氟氰菊酯乳油5 000倍液；2.5%联苯菊酯乳油3 000倍液。

10. 美洲斑潜蝇

别名：蔬菜斑潜蝇。

为害症状：以幼虫钻叶为害，在叶片上形成由细变宽的蛇形弯曲隧道，开始为白色，后变成铁锈色，有的在白色隧道内还带有湿黑色细线。幼虫多时，叶片在短时间内就被钻空干枯死亡。美洲斑潜蝇为害西瓜幼苗叶片和成株期叶片见图3–15和图3–16。

图3-15　美洲斑潜蝇为害西瓜幼苗叶片

图3-16　美洲斑潜蝇为害西瓜成株期叶片

发生规律：发生期为4~11月，发生盛期有2个，即5月中旬至6月和9月至10月中旬。美洲斑潜蝇为杂食性，为害大。

防治措施：

（1）农业防治。早春和秋季蔬菜种植前，彻底清除田间院内杂草、残株、败叶，并集中烧毁，减少虫源。种植前深翻菜地，发生盛期，中耕松土灭蝇。

（2）物理防治。黄板诱杀，在田间插立或在植株顶部悬挂黄色诱虫板，进行诱杀，15～20张/亩。

（3）药剂防治。主要用内吸剂和内渗剂防治，可在成虫高峰期或见产卵痕、取食孔时，即开始喷药，掌握在幼虫2龄前（虫道很小时）始见幼虫潜蛀时，是第一次用药适期，可采用1.8%阿维菌素3 000～4 000倍液；10%溴虫腈悬浮剂1 000倍液；2%甲氨基阿维菌素苯甲酸盐乳油4 000倍液；10%吡虫啉可湿性粉剂2 500～3 000倍液。每隔7~10天喷药1次，于上午8～11时露水干后幼虫开始到叶面活动或者老熟幼虫多从虫道中钻出时开始喷洒。

防治成虫以上午8~12时施药为好，防治幼虫以一至二龄期为最佳，隔6～7天喷1次，连续3～4次。喷药要周到细致。如果是美洲斑潜蝇和番茄斑潜蝇则需对叶正面喷雾，如果是南美斑潜蝇则需对叶的正反两面进行喷雾。提倡轮换交替用药，以防止产生抗药性。棚室还可使用烟雾剂。在美洲斑潜蝇发生高峰期傍晚，用80%敌敌畏乳油（每亩用药200～300 mL）拌锯末点燃，熏杀成虫，或22%敌敌畏烟剂，每亩用药400～450 g。翌日10时左右及时放烟，以免造成药害。如果发现受害叶片中老虫道多，新虫道少，或虫体多为黑色，说明美洲斑潜蝇可能被天敌寄生或已死亡，可考虑不施药。

11. 斜纹夜蛾

别名：莲纹夜蛾、夜盗虫、乌头虫。

为害症状：斜纹夜蛾是一类杂食性和暴食性害虫，为害寄主相当广泛，除十字花科蔬菜外，还可为害包括瓜、茄、豆、葱、韭菜、菠菜以及粮食、经济作物等近100科300多种植物。幼虫咬食叶片、花蕾、花及果实，初龄幼虫啮食叶片下表皮及叶肉，仅留上表皮呈透明斑；4龄以后进入暴食，咬食叶片，仅留主脉。在包心椰菜上，幼虫还可钻入叶球内为害，把内部吃空，并排泄粪便，造成污染，使之降低乃至失去商品价值。斜纹夜蛾为害西瓜叶片见图3–17，斜纹夜蛾成虫见图3–18。

图3–17　斜纹夜蛾为害西瓜叶片

图3–18　斜纹夜蛾成虫

发生规律：年发生代数为4～5代。以蛹在土下3～5 cm处越冬。成虫白天潜伏在叶背或土缝等阴暗处，夜间出来活动。每只雌蛾能产卵3～5块，每块有卵100～200粒，卵多产在叶背的叶脉分叉处，经5～6天就能孵出幼虫。初孵时聚集叶背，4龄以后和成虫一样，白天躲在叶下土表处或土缝里，傍晚后爬到植株上取食叶片。趋性成虫有强烈的趋光性和趋化性，黑光灯的效果比普通灯的诱蛾效果明显，另外对糖、醋、酒味很敏感。卵的孵化适温是24 ℃左右，化蛹的适宜土壤含水量在20%左右，蛹期为11～18天。

防治措施：

（1）农业防治。清除杂草，收获后翻耕晒土或灌水，以破坏或恶化其化蛹场所，有助于减少虫源。结合日常管理，随手摘除卵块和群集为害的初孵幼虫，以减少虫源。

（2）生物防治。雌蛾在性成熟后释放出一些称为性信息素的化合物，专一性地吸引同种异性与之交配，而我们则可通过人工合成并在田间缓释化学信息素引诱雄蛾，并用特定物理结构的诱捕器捕杀靶标害虫，从而降低雌雄交配，降低后代种群数量而达到防治的目的。使用该技术不仅可以使靶标害虫种群下降，农药使用次数减少，降低农药残留，延缓害虫对农药产生抗性，还保护了自然环境中的天敌种群，非目标害虫则因天敌密度的提高而得到了控制，从而间接防治次要害虫的发生，达到农产品质量安全、低碳经济和生态建设要求。

（3）物理防治。利用成虫趋光性，于盛发期点黑光灯诱杀、糖醋诱杀。利用成虫趋化性，配制糖醋液（糖：醋：酒：水=3：4：1：2）加少量敌百虫诱蛾。也可用柳枝蘸洒500倍液敌百虫诱蛾。

（4）药剂防治。害虫发生盛期，可采用2.5%高效氯氟氰菊酯水乳剂2 500～3 000倍液；2.5%联苯菊酯水乳剂4 000～5 000倍液；20%甲氰菊酯水乳剂3 000倍液；25%灭幼脲悬浮剂1 500倍液；45%马拉硫磷乳油1 000倍液。均匀喷雾，隔7~10天喷1次。

第四部分 病虫害综合治理

一、病虫害综合治理的体系

病虫害综合治理的体系是指对农业有害生物进行科学管理的体系，它从农业生态系统总体出发，根据有害生物与环境之间的相互关系，充分发挥自然控制因素的作用，因地制宜协调应用必要的措施，将有害生物控制在经济允许水平之下，以获得最佳的经济、社会和生态效益。在有害生物综合治理理论和长期有害生物防治工作经验的基础上，我国将“预防为主、综合防治”确定为植物保护工作方针。2006年全国植保工作会议上又提出“公共植保、绿色植保”的理念，并研发推广农作物病虫害绿色防控技术，在农业生产中推广应用，为减少化学农药的使用量、降低农产品的农药残留、保护生态环境做出了积极贡献。

病虫害综合治理是建立在成本效益分析基础上的有害生物控制的决策支持系统，最大限度地减少对人类健康、环境和非靶标生物的不利影响，充分考虑到所有可行的有害生物防治措施和生产者、社会和环境的利益，综合评价各种防治技术、栽培技术、气象变化、其他有害生物和被保护植物之间的相互作用和影响后，协调选用控制有害生物的技术和方法。

二、病虫害绿色防控技术

病虫害绿色防控是对有害生物综合治理和我国植保方针的深化

和发展方针，是在生态学理论指导下的农业有害生物综合防治技术的概括。绿色防控是避免农药残留超标、保障农产品质量安全的重要途径，是降低农产品生产成本、提升种植效益的重要措施。

（一）绿色防控策略

绿色防控以生态学原理为基础，把有害生物作为其所在生态系统的一个组成部分来研究和控制。强调各种防治方法的有机协调，尤其是强调最大限度地利用自然调控因素，尽量减少使用化学农药。强调对有害生物的数量进行调控，不强调彻底消灭，注重生态平衡。

1. 病虫害田间调查　病虫害田间调查，是分析病虫发生情况、估计病虫为害损失、病虫害预测预报和制订病虫害防治规划的科学依据，是对农业有害生物科学、高效、精准防控的前提。病虫害调查内容包括发生及为害情况调查、病虫和天敌发生规律调查、越冬情况调查和防治效果调查。

2. 重视农业栽培措施　从土壤、肥料、水、品种和栽培措施等方面入手，培育健康作物。培育健康的土壤生态是农作物健康生长的基础。采用抗性或耐性品种，抵抗病虫害侵染。采用适当的肥料、水，以及间作、套种等科学栽培措施，创造不利于病虫生长和发育的条件，从而抑制病虫害的发生与为害。

3. 加强病虫害预防　从生态学入手，改造病菌的滋生地和害虫的虫源地，破坏病虫害的生态循环，减少菌源或虫源量，从而减轻病虫害的发生和流行。根据病害的循环周期以及害虫的生活史，采取物理、生态或化学调控措施，破坏病虫繁殖的关键环节，从而抑制病虫害的发生。

4. 发挥农田生态调控　发挥农田生态系统的服务功能，其核心是充分保护和利用生物多样性，降低病虫害的发生程度。既要重视对土壤和田间的生物多样性的保护和利用，同时也要注重对田边地头的生物多样性的保护和利用。生物多样性的保护与利用不仅可以抑制田间病虫暴发成灾，而且可以在一定程度上抵御外来病虫害的入侵。

5. 发挥生物防治的作用　绿色防控注重生物防治技术的采用与发

挥生物防治的作用。通过农田生态系统设计和农艺措施的调整来保护与利用自然天敌，从而将病虫害控制在经济损失允许水平以内。也可以通过人工增殖，引进和释放天敌，使用生物制剂来防治病虫害。

6. 科学使用化学农药 通过优先选用生物农药和环境友好型化学农药，采取对症下药、适时用药、精准施药、交替轮换、科学混配等技术，遵守农药安全使用间隔期，推广高效植保机械，开展植保专业化统防统治，最大限度降低农药使用造成的负面影响。

（二）病虫害防控方法

1. 植物检疫 植物检疫是一项法规防治措施，是指由国家颁布条例和法令，对植物及其产品，特别是苗木、接穗、插条、种子等繁殖材料进行管理和控制，防止危险性病、虫、杂草等传播蔓延。

2. 农业防治法 农业防治法是通过改革种植制度和改进栽培技术，调节寄主植物、病虫害和环境条件之间的关系，创造有利于作物生长发育而不利于病虫害发生的条件，从而消灭或控制病虫害的防治方法。

（1）选用抗病虫品种：通过选用抗病虫品种来防治病虫害是一项经济有效的防治措施，可以代替或减少农药的使用，避免和减轻农药带来的残毒和环境污染问题，大量节省田间防治费用。

（2）改革种植制度：

1）合理轮作：轮作只对寄主范围较窄的病虫害有效，不同的病虫害的轮作年限主要取决于病虫害在土壤中的存活期限。

2）合理间作、套作：不同作物实行合理间作或套作，往往可以控制或者减轻某些病虫害的发生。但应注意，如间作、套作不合理，反而会加重病、虫、杂草等有害生物的为害。

3）合理的作物布局：合理的作物布局可以阻止病虫害扩散蔓延或交叉侵染，有效地控制害虫、延缓病害流行的时间，降低某些病虫害暴发的风险性。但若作物布局不合理，则会为多种有害生物提供各自需要的寄主植物，从而形成全年的食物链或侵染循环条件，使寄主范围广的有害生物获得更充分的食料。

（3）培育无病虫种苗：有些病虫害随种子和苗木传播，培育无病虫壮苗是防治种苗传播病虫害的有效措施。可采取无病虫圃培育种苗、无病虫株采种、组织培养脱毒育苗等措施培育无病虫壮苗。

（4）改进栽培技术：

1）耕翻整地：及时耕翻整地可改变土壤环境，生活在土壤中和以土壤、病残体为越冬场所的病虫害经日晒、干燥、冷冻、深埋或被天敌捕食等得到控制。冬耕、春耕或结合灌水常是有效的防治措施，对生活史短、发生代数少、寄主专一、越冬场所集中的病虫，防治效果尤为显著。耕翻土地有利于根系生长发育、提高植物的抗病能力，能减轻病害特别是根部病害的发生。

2）调整播期与定量播种：适当调整播期可以在不影响作物生长的前提下，使作物在易受害的生育阶段避开病虫发生侵染盛期，减少病虫为害造成的损失。另外，适当的播种量、播种深度和方法，结合种子和苗木的药剂处理等，可促使苗齐苗壮，并影响田间小气候，从而控制有害生物的发生和为害。

3）加强栽培管理：

①调节水分：土壤水分过多可造成植株徒长、植株组织柔嫩、抗性降低，易发生病害。土壤含水量过低，不利于植株的生长发育，降低植物的抗病性；灌溉可使害虫处于缺氧状况而窒息死亡，冬灌能够破坏多种地下越冬害虫的生存环境，减少虫口密度。

②合理施肥：施肥对植物的生长发育及抗病虫能力都有较大影响。适当增加有机肥的施用量，可以改善土壤的理化性状，改良土壤微生物区系，促进根系发育，提高植株的抗病性。施用腐熟有机肥，可杀灭其中的病原物和害虫；合理施用氮、磷、钾肥，可减轻病虫为害程度；氮肥过多易导致作物生长柔嫩；田间郁闭阴湿有利于一些喜高湿的病虫害发生。

③及时除草：及时除草可消灭一些病虫的中间寄主、越冬场所和传毒媒介等，从而减轻病虫为害。

④清洁田园：在园艺植物生长期，将受病虫为害的叶、果、植株及时摘除或拔掉，以免病虫害在田间扩大蔓延；有些杂草往往是某些

害虫繁殖、潜藏的场所或病毒的野生寄主，应将田边地头的杂草清除干净；采收园艺植物后，遗留于田间的残株败叶是多种害虫和病原物越冬、繁衍的主要场所，及时清除病残体对减少田间病源和虫源基数有重要作用。

（5）适期采收与合理贮藏：采收的时期、方法、工具以及收获后的处理也与病虫发生密切相关。例如，果品的采收时间，采收和贮藏过程中造成伤口的多少，以及贮藏期的温、湿度条件等，都会直接影响贮藏期病害的发生和程度。干燥不利于病原物的活动，许多果品，如枣和核桃等可以干燥保存。

农业防治的优点是不需要过多的额外投入，可与其他常规栽培管理结合进行；有效的农业防治措施可在大范围内减轻有害生物的发生程度，甚至可以持续控制某些有害生物的大规模发生。当然，农业防治也具有很大的局限性。首先，农业防治必须服从丰产要求，不能单独从有害生物防治的角度去考虑问题。其次，农业防治措施往往在控制一些病虫害的同时，引发另外一些病虫害，因此，实施农业防治时必须对当地主要病虫害综合考虑，权衡利弊，因地制宜。再次，农业防治具有较强的地域性和季节性，且多为预防性措施，在病虫害已经大规模发生时，单独使用有时收效慢、效果差。

3. 生物防治法　利用有益生物或其代谢产物防治有害生物的方法，其原理和相应方法主要有：利用有益生物保护植物，使之免受或少受病原物侵染，避免或减轻病害的拮抗作用、竞争作用、交互保护作用；利用天敌昆虫防治害虫及应用生物农药等。

（1）拮抗作用和竞争作用：拮抗作用是利用一种微生物的存在和发展限制另一种微生物的存在和发展。竞争作用是利用有些微生物生长繁殖速度快，与病原物争夺空间、营养、水分及氧气，从而控制病原物的繁殖和侵染。

（2）交互保护作用：用致病力弱的株系（生产上称为弱毒疫苗）保护植物免受强致病力株系侵染。

（3）利用天敌昆虫：

1）寄生性天敌与捕食性天敌：天敌昆虫按其取食特点可分为寄

生性天敌和捕食性天敌两大类。寄生性天敌昆虫总是在生长发育的某一个时期或终身附着在害虫的体内或体外，并摄取害虫的营养物质来维持生长，从而杀死或致残某些害虫，使害虫种群数量下降。捕食性天敌则直接杀死害虫并取食。

2）利用本地天敌：自然界天敌资源丰富，在各类作物种植区均存在大量的自然天敌，充分利用本地天敌抑制有害生物是害虫生物防治的基本措施。可采用提供适宜的替代寄主、栖息和越冬场所，结合农业措施创造有利于天敌的环境，避免农药对天敌的大量杀伤等措施，增加农业生态系中有益生物的种类。利用本地天敌一般不需要增加费用和花费很多人工，方法简单且易于被种植者接受。

3）引进和释放天敌：引进和释放天敌，可以增加田间有益生物的种类和数量。引进天敌要考虑天敌对害虫的控制能力，天敌被引入后在新环境下的生态适应和定殖能力，防止天敌引进时带入其他有害生物，或引进的天敌在新环境下演变成有害生物。

（4）应用生物农药：生物农药作用方式特殊，防治对象专一，且对人类和环境的潜在为害比化学农药小，因此被广泛地应用于有害生物防治中。

1）生物杀菌剂：生物杀菌剂包括真菌杀菌剂、细菌杀菌剂和抗生素杀菌剂等，如木霉菌、枯草芽孢杆菌、多抗霉素、阿司米星、链霉素及新植霉素等。

2）生物杀虫（螨）剂：生物杀虫（螨）剂包括植物、真菌、细菌、病毒、抗生素和微孢子虫制剂。植物杀虫剂种类较多，如除虫菊素、鱼藤酮、楝素、印楝素和苦参碱等。真菌杀虫剂有白僵菌和绿僵菌等。细菌杀虫剂主要有苏云金杆菌和短稳杆菌，还有病毒制剂核型多角体病毒杀虫剂、杀虫（螨）剂阿维菌素、杀线虫的蜡质芽孢杆菌等。

（5）应用生化农药：生化农药指经人工模拟合成或从自然界的生物源中分离或派生出来的化合物，如昆虫信息素和昆虫生长调节剂等。性信息素用于害虫的诱捕、交配干扰或迷向防治。灭幼脲、烯虫酯、抑食肼等昆虫生长调节剂对多种害虫具有很好的防效，可以导致幼虫不能正常蜕皮，造成畸形或死亡。

4. 物理防治法 物理防治法是利用物理因子或机械作用及器具防治有害生物。如高温、干旱、冷藏、气调贮藏等因素对病虫害有抑制作用，可影响病虫害的发生发展速度及严重程度。

（1）温度处理：利用日光晒种可防治许多贮粮害虫；利用50～55 ℃的温汤浸种，可杀死一些种子上所带的病菌；利用70 ℃的高温干热灭菌，可杀死黄瓜种子上的多种病菌；通过覆盖塑料薄膜提高土壤温度，可以消灭土壤中的病菌和害虫；用50～70 ℃的高温堆沤粪肥2～3周，可杀死其中的许多病菌；利用高温闷棚，除可杀灭霜霉病菌外，还可杀死棚内的飞虱和蚜虫等害虫。在较低的温度条件下，病原物难以繁殖或侵染寄主，所以常用冷藏或速冻的方法来贮藏果品，延长果品的货架期。

（2）射线处理：射线处理是利用电磁辐射进行有害生物防治的物理防治技术。可在小范围内用电波、γ射线、X射线、红外线、紫外线、激光和超声波等直接杀虫、杀菌或使害虫不育来防治害虫。

（3）捕杀法：指根据害虫习性、发生特点和发生规律所采用的直接杀死害虫或破坏害虫栖息场所进行捕杀的方法。包括冬季清园刮除老翘皮，人工摘除卵块、虫苞和捕杀幼虫，清除土壤表面的美洲斑潜蝇虫蛹和清除被害叶，利用某些害虫的假死性人工振落害虫并集中消灭等。

（4）诱杀法：许多昆虫都具有不同程度的趋光性，对光波（颜色）有选择性。生产上可利用害虫的趋光性，采用黑光灯、黄板、银灰膜引诱或驱避多种害虫。有些害虫对食物气味有明显趋性，可以配制适当的食饵诱杀害虫。也可利用害虫具有选择特殊环境潜伏的习性诱杀害虫。

（5）阻隔法：在自然界，由于害虫分布和栖息场所的局限性，采用套袋、防虫网、覆盖地膜和涂白树干等方法，隔离害虫与植物的接触，可以有效地保护植物免受害虫为害。病害防治也可采用阻隔病原物使其不能与寄主接触的措施，包括：对危险性大、主要依靠人为因素远距离传播的病害执行检疫；对于经苗木、接穗、插条等繁殖材料传播的病害，采用无病繁殖材料或对带病材料进行消毒处理；对经昆虫、螨类传播的病害，重点防治媒虫；对于有一定传播距离的病害，则可采用寄主与病原隔离的措施。阻隔法一般对经风雨及人为因素传播的病害有效，对经昆虫及其他动物传播的病害部分有效，对经气流传播的病害效果一般较差。

（6）刮皮剪枝：治疗果树的腐烂病，可直接用快刀将病组织刮干净或在刮净后对其涂药，剪除病枝。当病斑绕树干一周时，还可采用桥接的办法疏通营养，恢复树势，挽救重病树。刮除枝干轮纹病斑可减轻果实轮纹病的发生。

5. 化学防治法　化学农药对防治对象具有高效、速效、使用轻便、经济效益高等优点，在控制农业有害生物、保证农业丰收方面起到了不可代替的作用。但是，农药也可污染环境，造成农副产品中农药残留超标，导致人畜和有益生物中毒死亡，对农作物产生药害，杀伤有益生物，致使病虫产生抗药性等不良后果。这些问题引起了全世界的广泛关注。目前主要通过轮换或复配使用、采用适宜的施药方法、减少用药次数、与其他方法配合使用等措施，充分发挥化学防治的优点，减轻其不良作用。

三、农药的作用原理和剂型

随着我国现代农业的发展和对环境保护的重视，人们对农药及其使用技术提出了更高的要求。农药的安全科学使用，不仅可以减少农药用量，减少人畜中毒，减轻环境污染，延缓有害生物抗药性的发展，避免对有益生物的伤害，而且可以提高有害生物综合防控的技术和水平，获得良好的社会、经济和生态效益，使农药在农业生产中发挥更积极的作用。

（一）农药的作用原理

我国登记的农药成分有700多个，农药剂型120多种，农药种类繁多，其作用方式、防治对象和性质各不相同。使用农药时，必须根据其特点选择合适的农药种类，才能充分发挥农药的作用，以获得预期的防治效果。

1. 杀菌剂的作用方式 杀菌剂是指在一定剂量或浓度下，能杀死植物病原菌或抑制其生长发育的药剂。杀菌剂的作用方式有化学保护、化学治疗和化学免疫3种。

（1）化学保护：在植物未患病前喷洒杀菌剂预防植物病害的发生。

（2）化学治疗：在植物发病或感病后施用杀菌剂，使之对被保护的植物或病原菌起作用，或改变病原菌的致病过程，从而达到减轻或消除病害的目的。根据病原菌对植物的侵染程度和用药方式，化学治疗可分为表面化学治疗和内部化学治疗。

（3）化学免疫：利用化学物质使被保护作物获得对病原菌的抵抗能力，如乙膦铝诱导植物的免疫反应。

2. 杀虫剂的作用方式 杀虫剂是指用来防治农、林、卫生、粮食及畜牧等方面害虫的药剂，具有多种作用方式。

（1）胃毒作用：药剂随食物进入消化道中，被中肠吸收后引起昆虫中毒致死。

（2）触杀作用：药剂透过昆虫的体壁进入体内或封闭昆虫的气门，使昆虫中毒或窒息死亡。

（3）内吸作用：药剂能被植物吸收并可在其体内输导到植株各部分，如昆虫取食时发生中毒。

（4）熏蒸作用：杀虫剂气化产生有毒气体，通过昆虫的呼吸系统进入体内，使昆虫中毒致死。

（5）杀卵作用：药剂与虫卵接触后阻止卵发育或使虫卵中毒死亡。

（6）特异性杀虫作用：药剂本身没有毒杀害虫的能力，却具有忌避、拒食、黏捕、不育、生长调节及致诱特异性作用。

常用杀虫剂大都以触杀作用为主，兼有胃毒作用，少数品种具有熏蒸作用。

（二）农药的剂型

高效、安全、环境友好是农药剂型的发展方向。选择农药时，要根据使用条件、施药机具和防治对象等，有针对性地选用适当的农药剂型，保证农药效果的充分发挥，提高农药使用效率，减少对农业生态环境的影响。

绝大多数农药原药不溶或难溶于水而不能直接兑水使用，或往往呈块状或油状而不易加工成粉剂使用，又因单位面积上需用原药量很少，使之难以在大面积田块上均匀撒施。通过加工将农药原药制成具有特定理化性能的分散体形式，称为农药剂型，如乳油、悬浮剂、可湿性粉剂、水分散粒剂等。农药常用剂型的使用方法及特点见表4-1。通过对农药进行剂型加工，可以改善其物理性状，提高其分散性，并使其能适应各种施药技术，发挥有效成分的最大效果，使高毒农药低毒化，增加对人畜的安全性，减少环境污染和对生态平衡的破坏，延缓抗药性的发展，延长农药的使用寿命，提高使用农药的效率和扩大应用范围。

与农药原药混用或通过加工过程与原药混合，改善制剂理化性质、提高药效、便于使用的物质，统称为农药辅助剂，简称农药助剂，主要有填充剂、溶剂、润湿剂，乳化剂、分散剂、黏着剂、稳定剂、增效剂等。一般助剂本身没有生物活性，但对农药制剂的药效性能却有极大的影响。

一种农药为适应不同防治对象、使用方法等的需求，制成剂型和有效成分含量不同的产品，称为农药制剂，是农药商品流通的主要形式。农药制剂的名称通常由3个部分组成：第1部分为有效成分含量，常用质量（体积）分数来表示，如“70%”“250 g/L”，生物制剂常用“活芽孢/g”“IU/mg”；第2部分为有效成分的通用名称；第3部分为加工剂型的名称。如70%代森锰锌可湿性粉剂、20%吡唑醚菌酯悬浮剂等。

表4-1　农药常用剂型的使用方法及特点

类型	剂型名称（代码）	组分	使用方法	优点	缺点
固体制剂	片剂（TB）	原药+填料+润湿剂+分散剂+崩解剂	直接使用或兑水喷雾	质量稳定，便于贮存、运输；无飘移，对环境污染轻	易吸潮，对包装要求严格
	可湿性粉剂（WP）	原药+填料+润湿剂+分散剂	兑水常量喷雾、毒饵和土壤处理	生产成本较低，便于贮存、运输；附着性强，飘移少，对环境污染轻	不耐贮存，长期存放和堆压后，悬浮率下降，生产过程容易漂移污染
	可溶粉剂（SP）	原药+填料（水溶性）+助剂（分散剂等）	兑水喷雾、喷淋等	不含有机溶剂，药害和环境污染轻；有效成分含量高，运输、包装、加工成本低	生产过程容易漂移污染
	颗粒剂（GR）	原药+载体+助剂（黏结剂、崩解剂、湿润剂、分散剂、着色剂等）	丢芯、撒施、点施；高毒农药颗粒剂土壤处理、沟施等	施用方便，不易产生药害；高毒农药低毒化；可控制药剂有效成分的释放速度，残效期长；沉降性好，减少了环境污染；靶标性强，对天敌等有益生物影响小	运输成本较高，使用范围比较窄
	水分散粒剂（WDG）	原药+润湿剂+分散剂+崩解剂+黏结剂+载体	常量喷雾、泼浇、拌种、浸种、毒土等	悬浮率高、分散性和稳定性好，药效高；有效成分含量高，流动性好，不沾包装物，易于包装和运输；性能稳定，无粉尘，对环境污染小	加工过程较复杂，成本较高

续表

类型	剂型名称（代码）	组分	使用方法	优点	缺点
固体制剂	烟剂（FU）	原药+燃料+助燃剂+消燃剂	熏蒸	使用方便，节省劳力，防治效果好，可以扩散到其他防治方法不能达到的地方；适宜于仓库、大棚、温室的病虫害防治等	加工、包装过程有一定的危险性，车间、设备要求防爆
液体制剂	乳油（EC）	原药+有机溶剂+乳化剂	常量喷雾、兑水泼浇、拌种、浸种、毒土、涂茎等	有机溶剂对昆虫和植物表面的蜡层具有溶解作用，渗透力强、耐雨水冲刷；使用方式多样；药效高	耗费大量的有机溶剂，成本较高，易造成环境污染，使用不当易产生药害或发生中毒事故
	超低容量液剂（UL）	原药+溶剂（+助溶剂、化学稳定剂等）	直接或稀释后喷雾	具有良好的黏附性和渗透性，使用时喷液量小，不易流失，利用率高；粒子超细，对蜡质层亲和性强，药效高	雾粒细，风大时不能使用；药剂浓度高，油溶剂渗透力强，使用不慎易引起药害
	悬浮剂（SC）	原药+湿润剂+增黏剂+稳定剂+防冻剂+消泡剂等	常量喷雾、低容量喷雾、涂茎、拌种、浸种等	成本低，减少药害，对人的毒性低；粒径小，附着力强，持效期长，生产、储运比较安全、方便	物理稳定性差，长时间贮存可能出现沉淀、分层、结块现象，使用时必须充分摇动，以保证药效

续表

类型	剂型名称（代码）	组分	使用方法	优点	缺点
液体制剂	可溶剂（AS）	水溶性原药+水（或水溶性溶剂）+表面活性剂	喷雾、浇灌、浸泡	加工方便，成本低廉；药效好，对环境污染小	附着性差；在水中不稳定，长期贮存易分解失效
	水乳剂（EW）	液态原药（或原药用少量溶剂溶解）+乳化剂+分散剂+防冻剂+水	常量喷雾、拌种、浸种等	不含或仅含少量溶剂，毒性和药害比乳油小，生产、储运和使用安全。飘移减少，环境污染减少	易在水中分解的药剂不宜加工成水乳剂
	微乳剂（ME）	原药+乳化剂+防冻剂+水	常量喷雾、拌种、浸种等	粒子较细，易穿透害虫和植物的表皮，附着力好，克服了乳油使用大量有机溶剂的缺点，储运和使用安全，环境污染小，药剂的刺激性小	乳化剂用量大，易在水中分解的药剂不宜加工成水乳剂
	微囊悬浮剂（CS）	原药（囊皮材料中）+分散剂+水	喷施、涂刷、土壤处理等	持效期可以通过控制囊皮来进行调整、持效期长；施药次数少，毒性低，使高毒农药低毒化、使用安全	加工成本较高，长时间贮存可能出现沉淀、分层、结块现象
	种子处理悬浮剂（FS）	原药+湿润剂+防冻剂+消泡剂等+成膜剂+警戒色	直接或稀释后种子包衣	药力集中，利用率高，省药、省工、省种；隐蔽使用，有利于保护环境，使用安全；具有缓释作用，有效期长	物理稳定性差，长时间贮存可能出现沉淀、分层、结块现象，使用时必须充分摇动

四、农药的安全使用

农药在防治病虫害等方面发挥了积极的作用，但农药是一把双刃剑，如果不按有关规定和要求使用，就会造成人畜中毒、作物药害和环境污染等问题。

（一）农药毒性及中毒预防

1. 农药的毒性　农药的毒性是指农药对非靶标生物（包括人、家畜、家禽、水生动物和其他有益生物等）的毒害作用。在农药使用过程中，进入人、畜体内的农药量超过人、畜的最大耐受量，人、畜就会表现出一系列的中毒症状。

（1）急性毒性：急性毒性是指动物服用或接触药剂后在短期内出现的中毒症状。根据农药产品对大白鼠的半数致死量（LD_{50}）或半数致死浓度（LC_{50}），我国以世界卫生组织（WHO）推荐的农药危害分级标准为模板，结合我国农药生产、使用和管理的实际情况，将农药急性毒性分为5级（表4–2）。国家对剧毒、高毒农药的使用范围有一定限制，例如，剧毒农药不允许以喷雾使用，高毒农药不得用于蔬菜、果树、茶叶和中药材上等。

表4–2　农药毒性分级标准与标识

毒性分级	Ⅰa级	Ⅰb级	Ⅱ级	Ⅲ级	Ⅳ级
标识（黑色）和级别符号语（红色）	 剧毒	 高毒	 中等毒	 低毒	微毒
经口半数致死量/ mg·kg^{-1}	≤5	>5～50	>50～500	>500～5 000	>5 000
经皮半数致死量/ mg·kg^{-1}	≤20	>20～200	>200～2 000	>2 000～5 000	>5 000
吸入半数致死浓度/ mg·m^{-3}	≤20	>20～200	>200～2 000	>2 000～5 000	>5 000

（2）亚急性毒性：亚急性毒性是指动物在一段时间内（30~90天）连续服用或接触一定剂量的农药后，出现与急性中毒类似的症状。

（3）慢性毒性：慢性毒性是指动物长期（6个月以上甚至终身）口服或接触低微剂量农药后逐渐引起内脏机能受损、阻碍正常生理代谢的过程而表现出慢性病理反应。慢性毒性主要表现为“三致”（致癌、致畸、致突变）。

2. 农药中毒的预防

（1）普及和宣传安全用药知识：相关部门和人员要积极开展农药安全使用的宣传培训和技术指导。

（2）科学合理使用农药：选择高效、低毒、低残留的农药品种和剂型，控制施药次数和浓度，推广用药量少、目标性强、对非靶标生物影响较小的施药技术。

（3）购买、贮运农药过程中避免渗漏与污染：农药在购买、运输和保管过程中要远离食品，发现渗漏与破损应及时处理。

（4）严格遵守农药操作规程：遵循农药标签登记的使用范围、防治对象、用药量、用药次数、安全间隔期和警示等；配药、洗涮施药工具及防护用品应远离生活区和水源区；注意保管、维修施药工具，防止喷药时发生阻塞、滴漏或其他故障；使用手动喷雾器遵循“顺风、隔行、退步、早晚”的施药原则；施用过高毒农药的地方要设立标志，在一定时间内禁止放牧、割草和采食；对用完的农药包装物应进行收集深埋，不得他用或随意丢弃。

（5）施药人员的选择和个人防护：施药人员应是健康的青壮年，体弱多病或皮肤有破损者以及三期妇女（月经期、孕期、哺乳期）不得进行施药工作；施药人员工作时要进行必要的防护，尽量避免农药与皮肤和口鼻接触。根据所用农药的毒性、施药方法等穿戴相应的防护服、防护手套、风镜、防护口罩、防护长筒靴等；准备好洗涤剂和洗涤用水，发生农药沾染时，立即就地清洗；施药期间禁止吸烟、进食和饮水；连续施药时间不宜过长，每日工作不得超过6 h；施药后应及时更换服装，清洗身体。

（二）农药残留及其治理

1. 农药残留与残留毒性 农药残留是指一部分化学性质稳定的农

药施用后，在一个时期内没有分解，农药及其有毒衍生物残存于收获物及其他环境（土壤、水源、大气）中。农作物与食品中的农药残留主要来自农药对作物的直接污染、作物对污染环境中农药的吸收以及生物富集与食物链，生物富集与食物链可使农药的残留浓度提高数百至数万倍。

残留的农药进入人、畜体内后，虽不能直接危及其生命，但可在其体内积累，引起体内机能受损，阻碍正常生理代谢过程而发生毒害。农药残留引起慢性中毒的特性称为残留毒性，简称残毒。农药的残留毒性一般需要较长的时间才表现出来。

2. 农药残留的治理

（1）农药的合理使用：根据现有农药的性质、有害生物的发生发展规律，合理使用农药，以最少的用量获得最大的防治效果。

（2）农药的安全使用：制定安全用药制度，主要有各种农药的允许应用范围、各种农药的每日允许摄入量（ADI）、各种作物与食品中的农药最大残留允许量（MRL）和施用农药的安全间隔期。

（3）发展高效低毒、低残留的农药：在使用农药时，必须按照《农药合理使用准则》施药，严格控制施药次数、施药量，遵循安全间隔期，将农药残留降到最低限度。

使用任何农药均有可能造成残留，但残留量有大有小，很小的残留量对人体健康（健康食品）不构成危害。国际食品法典和美国等发达国家也允许在蔬菜、水果中有农药残留，并通过规定每日允许摄入量和制定最大残留允许量标准来预防其为害。

（三）农药药害及预防

农药药害是指因农药使用不当（施用方法、时期或浓度不适宜等）引起植物产生的各种病态反应。

1. 药害的类型与症状

（1）急性药害：急性药害是在施药后短时间内（10天内）表现出的异常现象，如药剂处理种子后出苗期推迟、出苗率降低、苗弱等，根系发育不良，茎部扭曲、变粗、变脆、表皮破裂和有疤结等，叶片出现叶斑、穿孔、焦枯、失绿、畸形和落叶等，花表现为枯焦、落花、落蕾、变色、腐烂，果实出现斑点、畸形、锈果和落果，植株生长缓慢或徒长、畸形，以至枯萎、死亡。

（2）慢性药害：慢性药害是在施药后较长时间（10天后）才表现出的异常现象，症状不明显，常常不易察觉。如表现光合作用减弱、植株生长发育缓慢、生长期延迟、农艺性状恶化等。

（3）残留药害：残留药害是在使用长残效农药后，残留于土壤、秸秆或堆肥中的农药或其分解产物对下茬敏感作物产生的药害。

（4）飘移药害：飘移药害是施用农药时雾滴飘移偏离施药目标、沉降到邻近敏感作物上产生的药害。

2. 药害发生的原因 引起植物发生药害的原因比较复杂，是药剂本身的性质和植物种类、生长发育阶段的生理状态以及施药后的环境条件等因素的综合效应。

（1）施用农药不当：使用对植物敏感的农药、农药存在质量问题、混用不当、使用浓度过高、用药量过大、施药技术不当或配制方法不科学等易引起药害。

（2）用药时期不当：在植物对药剂敏感的时期（苗期、花期、幼果期）或植物生长势弱、耐药力弱时用药易引起药害。

（3）受环境影响：在高温、强光照射、雨天或露水很大时施药易引起药害。

（4）二次药害与飘移药害：有些除草剂由于残效期较长，前茬作物收获后，残留的除草剂会对后茬作物产生二次药害。此外，农药施用特别是喷雾施用时，如果风力较大，药剂就会被吹到周边的其他作物上，从而对作物造成伤害。

3. 预防药害发生的措施 根据药害产生的因素，合理选择药剂，严格控制使用剂量和浓度，选择正确的配制和使用方法。对植物敏感的农药应禁用或慎用，确定合适的施药时期，避免环境的不利影响，合理安排种植结构，避免上下茬作物、邻近作物使用农药引起残留药害、飘移药害。对当地未曾施用过的新农药，在使用前必须进行小面积的药害试验。

（四）我国农药的禁用和限用情况

为保障农业生产安全、农产品质量安全和生态环境安全，有效预防、控制和降低农药使用风险，我国对农药严格监管，农业农村部及相关主管部门陆续发布了许多禁用和限用的农药产品清单。随着风险评估的引入和国家对安全、高效、经济农药的鼓励和支持，会有越来越多的高风险农药产品被列为禁限用农药。

《农药管理条例》第三十四条对农药禁限用方面也做出了相关规定：农药使用者应当严格按照农药的标签标注的使用范围、使用方法和剂量、使用技术要求和注意事项使用农药，不得扩大使用范围、加大用药剂量或者改变使用方法；农药使用者不得使用禁用的农药；标签标注安全间隔期的农药，在农产品收获前应当按照安全间隔期的要求停止使用；剧毒、高毒农药不得用于防治卫生害虫，不得用于蔬菜、瓜果、茶叶、菌类、中草药材的生产，不得用于水生植物的病虫害防治。

企业应严格遵守该规定，如使用禁用的农药或者超出农药登记批准使用范围的农药，均按照假农药处理，除面临罚款外，情节严重的由发证机关吊销农药生产许可证和相应的农药登记证，构成犯罪的，依法追究刑事责任。

1. 违法使用禁用农药的后果 依照《中华人民共和国刑法》有关规定，以生产、销售有毒、有害食品罪定罪处罚。处五年以下有期徒刑，并处罚金；对人体健康造成严重危害或者有其他严重情节的，处五年以上十年以下有期徒刑，并处罚金；致人死亡或者有其他特别严重情节的，处十年以上有期徒刑、无期徒刑或者死刑，并处罚金或者没收财产。

2. 违规使用未经批准农药的后果 依照《农药管理条例》第六十条规定，由县级人民政府农业主管部门责令改正，对违法单位，处5万元以上10万元以下罚款；对违法个人，处1万元以下罚款；构成犯罪的，依法追究刑事责任。

五、农药的科学使用

科学合理使用农药，不但可以达到防治病、虫、草、鼠害，增加农业产量的目的，而且可以避免盲目增加用药量、降低用药成本，减少农药对人、畜和环境的危害，是一项符合安全、经济、有效原则的农业措施。

（一）科学的施药方法

采用适当的施药方法，对降低农药用量、减少用药次数、节约成本、防止污染和保护农业生态有重要意义。

1. 根据农药剂型确定施药方法 不同农药剂型各有其特定的使用器械和方法，应根据农药剂型确定施药方法，如乳油和水剂宜于喷雾，油剂宜于超低容量喷雾，粉剂和颗粒剂宜于拌种或撒施等。

2. 根据防治对象特点选择施药方法 防治温室等密闭场所的害虫，可采用熏蒸法；防治土传病害，可采用土壤处理法；防治种传病害，应采用浸种或拌种法等。

3. 根据施药部位选择施药方法 防治对象所处的部位不同，施药方法也各异。如防治叶背面的蚜虫、叶螨等，应使用喷雾法；防治地下害虫，可采取土壤处理法等。

4. 根据施药环境选择施药方法 环境因素对农药的防治效果影响很大，施药方法要根据具体环境条件确定。如雨季期间，可在下雨间隙使用喷粉法；为降低温室内的空气相对湿度，不宜过多使用喷雾法，可采用粉尘法。

5. 根据有益生物特点选择施药方法 为减少对有益生物的影响，应不用或少用对有益生物杀伤力大的喷雾法和喷粉法，而采取毒饵、毒土、拌种、蘸根、涂茎及撒施颗粒剂等方式，可有效地防治病虫害，且对有益生物影响较小。

（二）科学的施药时间

1. 根据防治对象特点确定施药时间 根据防治对象的生物学特性及其发生规律，寻求其最容易被药剂杀伤的时期施药。如保护性杀菌剂一定要在发病前或发病初期使用，一般在害虫卵孵化盛期或幼虫初龄阶段用药防治效果好。同时，要充分考虑有害生物和有益生物的消长规律，注意保护天敌，充分发挥农药的效果。

2. 根据防治指标确定施药时间 当自然控制因素和其他防治措施无法控制防治对象时，要调查防治对象的发生数量，确定是否需要进行药剂防治；调查防治对象的发育期，确定防治适期。

3. 根据气候条件确定施药时间 根据气候条件选择适当时间用药，提高防治效果，其中温度、风、雨的影响较大。如雨天、大风天气和中午高温不能喷药；早晨露水未干时不能喷雾，喷粉效果好；撒毒饵防治地下害虫以傍晚为好。只有在具备适宜的气候条件下施药，才能取得最佳的防治效果。

4. 根据农药的安全间隔期确定施药时间 施药时要遵守农药的安全间隔期，在采收前不可任意喷施农药，保证产品中农药残留量低于最大允许残留量。

（三）交替、轮换使用农药

过度使用化学农药会带来“3R”问题，即抗性（resistance）、残留（residue）、再猖獗（resurgence ）。随着病虫害对农药抗性的产生，农药新品种、新剂型又比较缺乏，必然导致农药使用浓度和使用次数的增加，长期连续使用同一种农药商品是导致有害生物产生抗药性的主要原因。合理地交替、轮换使用农药，就可以切断生物种群中抗药性种群的形成过程。

可以根据当地病虫害的发生特点及农药的供应情况，选用作用机制各不相同的几大类杀虫剂进行轮换、交替使用。同一类制剂中的杀虫剂品种也可以互相换用，但需要选取化学作用差异比较大的品种在短期内换用，如果长期使用也会引起害虫产生交互抗性。已产生交互抗性的品种不宜换用。

在杀菌剂中，一般内吸杀菌剂比较容易引起抗药性，保护性杀菌剂不容易引起抗药性。因此，除了不同化学结构和作用机制的内吸剂间轮换使用外，内吸剂和保护剂是较好的轮换组合。还要注意新老农药品种交替使用，以及毒性偏高和低毒农药品种的灵活运用。

（四）科学混配农药

混用农药是将含有两种或两种以上不同有效成分的农药制剂在田间使用时混配现用。农药混合制剂是指农药企业将两种或两种以上农药有效成分混配加工的农药制剂。科学合理混配农药，可在一次施药中，兼治两种或多种同时发生的有害生物，扩大防治范围；混用药剂间取长补短，可提高防效或延长持效期；可防止和克服有害生物产生抗药性，延长农药品种的使用年限；能降低农药用量，降低防治成本，减少环境污染及对天敌的危害。

混配农药虽然可以产生很大的经济效益，但切不可任意组合，田间应现混现用，应坚持先试验后混用、混合后农药间不发生不良的化学和物理变化（絮结或大量沉淀等）、不增加对作物的药害、提高药效、降低成本、减少对人畜毒性的原则，否则不仅起不到增效作用，还可能导致毒性增加、病虫抗药性增强等不良作用。

六、主要生物源农药

（一）微生物农药

1. 苏云金杆菌

其他名称：敌宝、包杀敌、快来顺、Bt。

作用特点：可用于防治直翅目、鞘翅目、双翅目、膜翅目特别是鳞翅目的多种害虫。

毒性：对哺乳动物不具有毒性或致病性，对蜜蜂无毒，对蚕有毒。

残留情况：大豆叶面上的半衰期小于1天，之后只有8.6%的初始数量存在活性。

注意事项：不能与内吸性有机磷杀虫剂或杀菌剂混合使用，如乐果、伏杀硫磷、杀虫畏、波尔多液。对蚕毒力很强，养蚕区与施药区要保持一定距离。药剂应保存在低于25 ℃的干燥阴凉仓库中。

2. 甲基营养型芽孢杆菌LW-6

作用特点：通过成功定殖至植物根际、体表或体内，改善其周围菌群环境，与病原菌竞争植物周围的位点，并且分泌多种抗菌物质以抑制病原菌生长，同时诱导植物防御系统抵御病原菌入侵，从而达到有效排斥、抑制、防治病菌的作用。

毒性：低毒。

注意事项：不能与含铜物质或链霉素等杀菌剂混用。

3. 海洋芽孢杆菌

作用特点：广谱微生物杀菌剂，通过有效成分海洋芽孢杆菌产生的抗菌物质和位点竞争的作用方式，杀灭和控制病原菌，从而达到防治病害的目的；同时对初发病的土传病害和叶部病害具有一定的治疗作用。海洋芽孢杆菌具有天然的耐盐性，适合于盐渍化土壤中的植物土传病害的防治。

毒性：微毒。对人畜及环境安全。

注意事项：与本微生物原药混合必须对海洋芽孢杆菌无杀灭、抑制等作用，并严格控制制剂的加工过程以及最终产品的含水量、酸碱度、盐度、贮存条件等，使其有利于海洋芽孢杆菌的存活。

4. 球形芽孢杆菌

其他名称：C3-41杀蚊幼剂。

作用特点：本品系球形芽孢杆菌发酵配制而成，是一种高效、安全、选择性杀蚊的生物杀蚊幼剂。广泛用于杀灭各种滋生地中的库蚊、按蚊幼虫、伊蚊幼虫。

毒性：低毒。

注意事项：应避免阳光紫外线照射。使用时应充分摇匀。不能与碱性农药混用。

5. 枯草芽孢杆菌

其他名称：百抗、麦丰宁、纹曲宁。

作用特点：通过在叶片上形成对病原菌的抑制圈，阻止病菌侵入。

毒性：低毒。

注意事项：宜密封避光，在低温（15 ℃左右）条件贮藏。在分装或使用前，将本品充分摇匀。包衣用种子，需经加工精选达到国家登记的良种标准。不能与含铜物质、402或链霉素等杀菌剂混用。若黏度过大，包衣时可适量冲水稀释，但包衣后种子贮存含水量不能超过国标。本产品保质期1年，包衣后种子可贮存一个播种季节。若发生种子积压，可经浸泡冲洗后转作饲料。

6. 蜡质芽孢杆菌

其他名称：叶扶力、叶扶力2号、BC752菌株、益微、广谱增产菌、增多菌。

作用特点：通过位点竞争和抗生作用的微生态选择，抑制致病菌的生长；具有致弱作用，能将青枯病原菌的强致病力菌株弱化为无致病力的菌株；调节作物细胞微生境，维持细胞正常的生理代谢和生化反应，提高抗逆性。

毒性：低毒。对人畜和天敌安全，不污染环境。

注意事项：不能与波尔多液、石硫合剂等强碱性药剂混用，以免分解失效。

7. 荧光假单胞杆菌

其他名称：青萎散。

作用特点：为微生物活体农药，能有效防治小麦因病害引起的烂种、死苗及中后期的干株、白穗，对小麦全蚀病有较好的防效。

毒性：低毒。对家兔眼睛、皮肤无刺激作用。

8. 多黏类芽孢杆菌

其他名称：康地蕾得。

作用特点：对植物细菌性青枯病有良好的防效。多黏类芽孢杆菌不断分泌出的广谱抗菌物质可抑制或杀灭病原菌；此外，多黏类芽孢杆菌还能诱导植物产生抗病性，同时还可产生促生长物质，且具有固氮作用，从而提高植株抗病能力，抑制病菌生长，达到防治病害的目的。

毒性：低毒。

注意事项：使用前须先用10倍左右清水浸泡2～6 h，再稀释至指定倍数，同时在稀释时和使用前浸泡时须充分搅拌，以使菌体从吸附介质上充分分离（脱附）并均匀分布于水中。施药应选在早上或傍晚进行，若施药后24 h内遇大雨天气，天晴后应补灌一次。土壤潮湿时施药。本药剂不宜与杀细菌的化学农药直接混用或同时使用。

9. 短稳杆菌

其他名称：GXW15–4。

作用特点：用药后24 h，短稳杆菌病原物溶解肠道后很快进入腹、血腔，继续大量增殖，使害虫靶标处发生病变，并伴随其代谢过程中释放出异味气体和组织溶解酶，最后导致病虫窒息死亡直至解体。

毒性：微毒。

注意事项：本品对蜜蜂、家蚕中等风险性，开花植物开花期禁用，蚕室及桑园附近禁用。傍晚喷雾可提高防效，药液要喷到害虫捕食处。不可与杀菌剂混用。

10. 地衣芽孢杆菌

其他名称：“201”微生物。

作用特点：该产品为微生物杀菌剂，是地衣芽孢杆菌利用培养基发酵而成的细菌性防病制剂，对植物病原真菌类有强烈的拮抗作用。

毒性：低毒。

注意事项：施用本品需要均匀周到，不能与强酸、强碱性的农药等物质混合使用。本品不能用于防治食用菌类病害。本产品如有沉淀属正常现象，使用时摇匀，不会影响药效。稀释后的药液应及时使用，不可存放。

11. 解淀粉芽孢杆菌

作用特点：本品是以芽孢杆菌直接入药的杀菌剂，原理是以菌治菌、抑菌杀菌及诱导作物产生抗病性等。

毒性：低毒。

12. 金龟子绿僵菌

其他名称：绿僵菌、杀蝗绿僵菌。

作用特点：进入寄主体内的绿僵菌分泌大量的次生代谢产物，干扰、抑制或对抗寄主免疫系统。与化学农药相比，其作用时间持久、无环境污染、对非靶标生物安全，但存在致死时间长、杀虫效率低、受环境影响较大、防效不稳定等缺点。

毒性：低毒。寄主范围广，致病力强，对人、畜、农作物无毒，对天敌无影响。

注意事项：不可与呈碱性的农药和杀菌剂等物质混合使用。剂型为可分散油悬浮剂及悬浮剂。产品一旦开启，应尽快用完，以免影响孢子活力。蚕室及桑园附近禁用，如必须用药，则需避开养蚕期。

13. 金龟子绿僵菌CQMa421

其他名称：绿僵菌421。

作用特点：有效成分为绿僵菌分生孢子，能直接通过幼虫体壁侵入体内，使害虫机体受损，取食量递减最终死亡。该产品利用虫体营养繁殖，可对田间害虫达到持续控制效果。

毒性：低毒。

注意事项：不可与呈碱性的农药和杀菌剂等物质混合使用。蚕室及桑园附近禁用。

14. 球孢白僵菌

作用特点：白僵菌遇适宜条件开始萌发，产出芽管，同时产生脂肪酶、蛋白酶、几丁质酶溶解昆虫表皮，由芽管入侵虫体，在虫体内生长繁殖，消耗寄主体内养分，产生大量菌丝和分泌物，害虫感病后4~5天死亡，虫尸变白色并僵硬，体表长满白色粉状孢子，可随风扩散，继续感染其他害虫个体。侵染同时产生各种毒素，如白僵菌素、卵孢白僵菌素和卵孢子素等。

毒性：低毒。对人、畜无致病作用，对蚕毒性高。

注意事项：本品包装一旦开启，应尽快用完，以免影响孢子活力。不可与杀菌剂混用。周围有开花植物时花期禁用，使用期间应密切关注对附近蜂群的影响；蚕室及桑园附近禁用。

15. 哈茨木霉菌

其他名称：KRL-AG2。

作用特点：是一种微生物杀菌剂，能够抑制温室作物的根部病害，能够用来抑制作物的根部病害以及叶部和果实的病害。作用方式复杂，包括化学作用、抗生作用和寄生作用。

毒性：低毒。

注意事项：不可与呈碱性的农药等物质混合使用。

16. 木霉菌

其他名称：生菌散、灭菌灵、特立克、木霉素。

作用特点：木霉菌主要是通过快速生长和繁殖而夺取水分和养分，与病原菌竞争营养占有空间，通过寄生于病原菌菌丝后形成大量的分枝和有性结构从而抑制病原菌生长，产生细胞壁分解酶类抑制病原菌的生长、繁殖和侵染。木霉菌可抑制寄主植物产生防御反应，不仅能直接抑制病原菌的生长和繁殖，还能诱导作物产生自我防御系统获得抗病性。

毒性：低毒。

残留情况：对农产品无残留，无蓄积作用。

注意事项：勿与碱性农药混用。贮存于阴凉干燥处，切忌阳光直射。

17. 淡紫拟青霉

其他名称：防线霉、线虫清。

作用特点：淡紫拟青霉是一种微生物农药，属于内寄生性真菌，是很多植物寄生线虫的重要天敌。使用该药入土后，孢子萌发长出很多菌丝，菌丝碰到线虫的卵，分泌几丁质酶，从而破坏卵壳的几丁质层，菌丝得以穿透卵壳，以卵内物质为养料大量繁殖，使卵内的细胞和早期胚胎受破坏，不能孵出幼虫。

毒性：低毒。对人、畜和环境安全，也不污染土壤。

残留情况：对作物无残毒。

注意事项：不宜与杀菌剂混用。蜜源作物花期、蚕室和桑园附近禁用。

18. 厚孢轮枝菌

其他名称：线虫必克。

作用特点：该菌为土壤习居菌，主要作用机制是通过孢子在作物根系周围土壤中萌发、产生菌丝，寄生于根结线虫的雌虫及卵上，使雌虫死亡，虫卵不能孵化、繁殖。持效期长，一季作物只需要使用一次即可达到理想的防治效果，并对地老虎、蛴螬、蝼蛄等地下害虫均有较强的驱避作用。

毒性：低毒，对环境安全。

注意事项：不可与化学杀菌剂混用。必须现拌现用，必须施于作物根部，不可兑水浇灌或喷施。

19. 耳霉菌

作用特点：该药是一种生物农药，被蚜虫吞食后感染，菌体侵入虫体内大量繁殖，孢子萌发，大量蚜虫互相传染发生流行病，可使其停食染病而死亡。块状耳霉菌生物农药对多种蚜虫具有较强的毒杀作用，对人畜安全，不污染环境，不伤害天敌，杀蚜谱广。

毒性：低毒。

20. 寡雄腐霉菌

其他名称：多利维生。

作用特点：寡雄腐霉菌可以抑制多种土壤真菌的生长及为害，具有较强的真菌寄生抗性和竞争能力，同时还能刺激植物抗病所需的植物激素的产生，从而增强植物抗病能力，使植物生长和强壮，增强植物的防御机能及对致病真菌的抗性。

毒性：微毒。有轻微致敏性，对鱼、蜜蜂低毒。

注意事项：使用前应先配制母液，取原药倒入容器中，加适量水充分搅拌后静置15 ~ 30 min。该药剂为活性真菌孢子，不能与化学杀菌剂类产品混合使用。喷施该药剂要选择在晴天无露水、无风条件下，上午9时前、下午5时后进行；喷施时应使液体淋湿整棵植株，包括叶片的正、反两面及茎、花、果实，并下渗到根。开花植物花期禁用；瓢虫等天敌放飞区域、鸟类保护区禁用。

21. 棉铃虫核型多角体病毒

作用特点：一种新型的病毒生物农药杀虫剂。害虫通过取食感染病毒，在其肠液中溶解，释放出侵染性病毒粒子，导致虫体组织脓化死亡。由核型多角体病毒及增效保护等辅料配制而成，对棉铃虫具有强杀灭效果。

毒性：原药、制剂均属低毒。

残留情况：本品分解失活较快。

注意事项：忌与强酸、强碱物质混用，以免降低药效。可与中性化学农药复配，即配即用。

22. 茶尺蠖核型多角体病毒

其他名称：尺蠖清、EONPV。

作用特点：属于高度特异性病毒杀虫剂。该产品是纯生物产品，加工制剂对茶尺蠖有很好的防治效果。病毒进入害虫体内后迅速大量复制，破坏害虫的正常生理功能，导致害虫染病而亡，病死虫的尸体腐烂后又可释放出新的病毒，感染其他健康虫和下代虫，最终达到有效控制害虫种群数量，减轻为害的目的。

毒性：低毒。属于高度特异性病毒杀虫剂，对哺乳动物无毒；对植物没有任何药害；对生产者和用户无毒副作用。

残留情况：无残留。

注意事项：不可和碱性农药等物质混用。

23. 甜菜夜蛾核型多角体病毒

其他名称：蛾恨、绿洲3号、武大绿洲来瘟死。

作用特点：属于高度特异性微生物病毒杀虫剂，其机制是让该药剂在微生物制剂及其增效助剂的作用下直接进入甜菜夜蛾幼虫的脂肪体细胞和肠细胞核，随机复制使虫染病死亡，再通过横向传染使种群不断引发流行病，并通过纵向传染杀蛹和卵，从而有效控制为害及抑制抗性的蔓延。对植物无任何药害。

毒性：低毒。无致癌、致畸作用，代谢物无毒。对人畜、田间天敌及水生生物等无害。

注意事项：不得与碱性物质混用，不得与含铜杀菌剂混用。本品有效成分对热敏感，远离热源。

24. 苜蓿银纹夜蛾核型多角体病毒

其他名称：奥绿一号。

作用特点：该药属于低毒生物农药。作用机制主要为阻断昆虫消化系统，释放出大量病毒粒子，病毒在细胞中迅速增殖，最终导致昆虫因细胞解体、组织液化而死。该药杀虫谱广，对鳞翅目害虫有较好的防治效果，具有低毒、药效持久、对害虫不易产生抗性等特点。

毒性：低毒。

注意事项：不能与强酸、碱性物质和杀菌剂混用，以免降低药效。对家蚕毒性大，严禁在桑园附近使用。

25. 斜纹夜蛾核型多角体病毒

其他名称：虫瘟1号、绞蛾。

作用特点：可用于防治甜菜夜蛾，感染后4天停止进食，5 ~ 10天后死亡。

毒性：低毒。本药只对靶标害虫有毒杀作用，不影响其他有益昆虫（如蜜蜂和天敌昆虫），对人、畜安全，不污染环境，对作物安全。

注意事项：不能与强碱、强酸物质和杀菌剂混用。

26. 甘蓝夜蛾核型多角体病毒

作用特点：主要是利用病毒感染幼虫，在种群中相互感染形成病毒流行病。首先是幼虫吞食多角体后，在中肠碱液的作用下，多角体释放出病毒粒子，侵入中肠细胞，进行增殖。最初产生未包埋的病毒粒子，再侵入幼虫的整个部位，大量增殖病毒，导致幼虫死亡。幼虫死亡后表皮裂解，病毒多角体释放出来，导致健康幼虫再度感染，最终形成病毒流行病。

毒性：低毒。

注意事项：不能与强酸、碱性物质混用，以免降低药效。

27. 小菜蛾颗粒体病毒

其他名称：环业二号。

作用特点：该产品为新型昆虫病毒杀虫剂，其作用机制为该病毒在小菜蛾肠中溶解，进入细胞核中复制、繁殖、感染细胞，使其生理失调而死亡。对化学农药已产生抗性的小菜蛾具有明显的防治效果。

毒性：低毒。不污染环境，对人、畜无毒，对天敌安全。

注意事项：不得与碱性物质混用，不得与含铜杀菌剂混用。

（二）抗生素类农药

1. 阿维菌素

其他名称：螨虫素、齐螨素、害极灭、杀虫丁。

作用特点：本品是从土壤微生物中分离的天然产物，对昆虫和螨类具有触杀和胃毒作用，并有微弱的熏蒸作用，无内吸作用。但它对叶片有很强的渗透作用，可杀死表皮下的害虫，且残效期长。它不杀卵。因不引起昆虫迅速脱水，所以它的致死作用较慢。对捕食性和寄生性天敌虽有直接杀伤作用，但因植物表面残留少，对益虫的损伤小。

毒性：原药高毒。

注意事项：对鱼、水生生物和家蚕有毒，用药时应避免接触这些生物。

2. 多杀霉素

其他名称：菜喜、多杀菌素。

作用特点：可持续激活靶标昆虫乙酰胆碱烟碱型受体，但是其结合位点不同于烟碱和吡虫啉。可使害虫迅速麻痹、瘫痪，最后导致死亡。其杀虫速度可与化学农药相媲美，安全性高，且与目前常用杀虫剂无交互抗性，既有高效的杀虫性能，又有对有益虫和哺乳动物安全的特性，是一种低毒、高效、广谱的杀虫剂。对害虫具有快速的触杀和胃毒作用，对叶片有较强的渗透作用，可杀死表皮下的害虫，残效期较长，对一些害虫具有一定的杀卵作用。无内吸作用。对捕食性天敌昆虫比较安全，因杀虫作用机制独特，目前尚未发现与其他杀虫剂存在交互抗药性的报道。对植物安全无药害。适合于蔬菜、果树、农作物上使用。杀虫效果受下雨影响较小。

毒性：对哺乳动物和水生生物的毒性相当低。

残留情况：见光易分解，水解较快，叶面光降解的半衰期为1.6～16天，水中半衰期为1天，土壤中半衰期为9～10天。

注意事项：可能对鱼或其他水生生物有毒，应避免污染水源和池塘等。避免喷药后24 h内遇降雨。

3. 嘧肽霉素

其他名称：博联生物菌素。

作用特点：具有抑制蔬菜、瓜果、作物等植物病毒增殖的作用和调节、促进植物生长发育的功能。

毒性：低毒。

注意事项：不能与碱性农药混用，喷药时要均匀喷布。存放于阴凉干燥处。

4. 宁南霉素

其他名称：菌克毒克、植旺、翠美。

作用特点：该药可通过破坏病毒立体结构，降低病毒粒体浓度，提高植物抵抗病毒的能力而达到抑制病毒的作用；宁南霉素还能同时抑制真菌菌丝生长，并能诱导植物体产生抗性蛋白。

毒性：低毒。

注意事项：不能与碱性物质混用。

5. 申嗪霉素

其他名称：农乐霉素、绿群、广清、交融。

作用特点：申嗪霉素属于荧光假单胞M18类新型生物抗菌剂，具有预防和治疗作用。主要利用其氧化还原能力，在真菌细胞内积累活性氧，抑制线粒体中呼吸传递链的氧化磷酸化，从而抑制菌丝的正常生长，引起菌丝体的断裂、肿胀、变形和裂解。

毒性：原药为中等毒，1%申嗪霉素悬浮剂为低毒。

注意事项：不能与碱性农药混用。禁止在开花植物、蚕室或桑园附近使用。

6. 中生菌素

其他名称：克菌康、佳爽。

作用特点：本品抗菌谱广，能够抗革兰氏阳性及阴性细菌、分枝杆菌、酵母菌及丝状真菌。对作物和果树的细菌性病害及部分真菌性病害具有很高的活性。

毒性：低毒。

注意事项：不可与碱性物质混用。易吸潮，在使用过程中开过包装的药剂应及时封口保存。本品有效成分可完全溶于水中，不溶物为不影响药效的惰性填料。

7. 四霉素

其他名称：梧宁霉素、11371抗生素。

作用特点：四霉素通过抑制菌丝体的生长，诱导作物抗性并促进作物生长而达到防治目的。

毒性：低毒。

注意事项：不能与碱性农药混用。药液随配随用，配制药液不宜保存。

8. 井冈霉素（含井冈霉素A）

其他名称：有效霉素。

作用特点：内吸作用很强的农用抗菌素。

毒性：低毒。

残留情况：在土中迅速被微生物降解，半衰期为5 h。

注意事项：可与多种杀虫剂混用，安全间隔期14天。施药时应保持稻田水深3～6 cm。粉剂在晴朗天气可早晚趁露水未干时喷药，夜间喷药效果尤佳，阴雨天可全天喷药，风力大于3级时不宜喷粉。

9. 春雷霉素

其他名称：春日霉素、加收米、开斯明、克斯雷、春雷氧氯铜。

作用特点：是农用抗菌素，具有较强的内吸性，该药主要干扰氨基酸的代谢酯酶系统，从而影响蛋白质的合成，抑制菌丝伸长和造成细胞颗粒化，但对孢子萌发无影响。

毒性：低毒。

注意事项：施药8 h内遇雨要补喷，不能与碱性农药混用。应随用随配。

10. 多抗霉素

其他名称：多氧霉素、保利霉素、宝丽安、多效霉素。

作用特点：广谱性抗生素，具有较好的内吸传导作用，干扰病菌细胞壁几丁质的生物合成；芽管和菌丝体接触药剂后，局部膨大，破裂，溢出细胞内含物，而不能正常发育，导致死亡；还有抑制病菌产孢和病斑扩大作用。该药对动物没有毒性，对植物没有药害。

毒性：低毒。

残留情况：每日允许摄入量为15 mg/kg 。

注意事项：不能与酸性和碱性药剂混用。

（三）生物化学农药

1. 乙烯利

其他名称：一试灵、乙烯磷。

作用特点：促进成熟的植物生长调节剂。在酸性介质中稳定，pH＞4时，则分解释放出乙烯，促进果实早熟、齐熟，增加雌花，提早结果，减少顶端优势，增加有效分蘖，使植株矮壮，诱导雄性不育等。

毒性：低毒。

残留情况：在土壤中迅速降解。

注意事项：本品在中性溶液中即可逐渐分解，要随配随用，不能久放。不能与碱性药剂混用；使用温度为20～30 ℃时效果最好，低于10 ℃或高于30 ℃，均不易达到理想效果。利用本品促进雌花增加后，要相应加强田间管理，满足大量幼瓜对肥水的要求，否则达不到预期的效果。催熟要在果实转色期用药，过早用药，作用小或不起催熟作用。

2. 吲哚乙酸

其他名称：生长素、茁长素、吲哚醋酸、IAA。

作用特点：属植物生长促进剂，有维持植物顶端优势、诱导同化物质向库（产品）中运输、促进坐果、促进植物插条生根、促进种子萌发、促进果实成熟及形成无子果实等作用，还具有促进嫁接接口愈合的作用。主要作用方式是促进细胞伸长与细胞分化。吲哚乙酸被植物吸收后，只能极性运输，即从顶部自上向下输送。

毒性：低毒。对蜜蜂无毒。

残留情况：在土壤和环境中迅速降解。

注意事项：使用本品两次间隔时间1周以上。在开启包装盒稀释后应尽快使用，最长不超过半年。

3. 吲哚丁酸

其他名称：IBA。

作用特点：内源生长素，能促进细胞分裂与细胞生长，诱导形成不定根，增加坐果，防止落果，改变雌雄花比率等。可经由叶片、树枝的嫩表皮、种子进入植物体内，随营养流输导到起作用的部位。

毒性：中等毒。

残留情况：在土中快速降解。

注意事项：本品在水稻一叶一心期及三叶一心期各施药1次。不可与碱性物质混用。

4. 羟烯腺嘌呤

其他名称：玉米素。

作用特点：刺激植物细胞分裂，促进叶绿素形成，加速植物新陈代谢和蛋白质的合成，从而使有机体迅速增长，促使作物早熟丰产，提高植物抗病、抗衰、抗寒能力。

毒性：低毒。对鱼、鸟、蚕无毒。

残留情况：在土壤、水中的半衰期只有几天。

注意事项：不可与呈碱性的农药等物质混合使用。

5. 苄氨基嘌呤

其他名称：保美灵。

作用特点：具有较高的细胞分裂素活性，主要可促进细胞分裂、增大和伸长；抑制叶绿素降解，提高氨基酸含量，延缓叶片变黄、变老；诱导组织（形成层）的分化和器官（芽和根）的分化，促进侧芽萌发，促进分枝；提高坐果率，形成无核果实；调节叶片气孔开放，延长叶片寿命，有利于保鲜。

毒性：低毒。

残留情况：22 ℃时在土壤施用16天后，苄氨基嘌呤在使用剂量下分别降解5.3%（沙质土）和7.85%（黏壤土），DT_{50}为7～9周。

注意事项：因遇碱易分解，勿混用其他农药或肥料。掌握好使用剂量、时间。

6. 芸苔素内酯

其他名称：益丰素、天丰素、油菜素内酯、农梨利。

作用特点：具有使植物细胞分裂和延长的双重作用，促进根系发达，增强光合作用，提高作物叶绿素含量，促进作物对肥料的有效吸收，辅助作物劣势部分良好生长。

毒性：低毒。

注意事项：施用时，应按兑水量的0.01%加入表面活性剂，以便药物进入植物体内。本品可与杀虫剂、杀菌剂等农药一起混合喷施。

7. 丙酰芸苔素内酯

作用特点：具有促进细胞生长和分裂、促进花芽分化、提高光合效率、增加作物产量、改善作物品质，以及提高作物对低温、干旱、药害、病害及盐碱的抵抗力等作用。

毒性：低毒。

注意事项：不可与碱性物质混用。现配现用，喷药6 h内遇雨需重喷。

8. 三十烷醇

作用特点：内源植物生长调节剂。具有多种生理功能，可影响植物的生长、分化和发育。主要表现为：能增强酶的活性，促使种子发芽，提高发芽率；增强光合强度，提高叶绿素含量，增加干物质的积累；促进作物吸收矿物质元素，提高蛋白质和糖分含量，改善产品品质等。还有促进农作物长根、生叶、花芽分化，增加分蘖和促进早熟，保花保果，提高结实率和促进农作物吸水，减少蒸发，增加作物抗旱能力的作用。

毒性：低毒。

注意事项：稀释液要现用现配。喷洒时间在下午3时后，喷前气温在20 ℃以上为宜。喷后6 h内遇雨补喷一次。严格控制用药剂量，浓度过高会抑制发芽。不得与酸性物质混合，以免分解失效。

9. S-诱抗素

其他名称：壮芽灵、天然脱落酸。

作用特点：对植物生长发育具有调节作用。

毒性：低毒。

注意事项：S-诱抗素对光敏感，易失活，因而产品应避光保存，田间使用宜在傍晚进行施药。每季作物施药1次。忌与碱性农药混用，忌用碱性水（pH＞7.0）稀释本产品，稀释液中加入少量的食醋，效果会更好。

10. 复硝酚钠

其他名称：爱多收、特多收。

作用特点：能迅速渗透到植物体内，以促进细胞的原生质流动，加快植物发根速度，对植物发根、生长、生殖及结果等发育阶段均有不同程度的促进作用，对花粉管的伸长的促进、帮助受精结实的作用尤为明显。可用于促进植物生长发育、提早开花、打破休眠、促进发芽、防止落花落果、改良植物产品的品质等。该产品可以用于叶面喷洒、浸种、苗床灌注及花蕾撒布等，在植物播种开始至收获之间的任何时期皆可使用。

毒性：低毒。

注意事项：制剂使用时浓度过高，将会对幼芽及生长有抑制作用。可与一般农药化肥混用。

11. 萘乙酸

其他名称：α-萘乙酸。

作用特点：是类生长素物质，也是广谱型植物生长调节剂。它有着内源生长素吲哚乙酸的作用特点和生理功能，如促进细胞分裂与扩大，诱导形成不定根，增加坐果，防止落果，改变雌雄花比率等。萘乙酸可经由叶片、树枝的嫩表皮、种子进入植株体内，随营养流输导到起作用的部位。

毒性：低毒。

注意事项：萘乙酸难溶于冷水，配制时可先用少量酒精溶解再加水稀释，或先加少量水调成糊状再加适量水，然后加碳酸氢钠（小苏打）搅拌直至全部溶解。

12. 氨基寡糖素

其他名称：壳寡糖。

作用特点：该药属微生物代谢提取的一种具有抗病作用的杀菌剂，对某些病菌的生长有抑制作用，如影响真菌孢子萌发，诱发菌丝形态发生变异、菌丝的胞内生化反应发生变化等；同时能抑制病菌的基因表达，使菌丝的生理生化功能发生变异，还能刺激生长。

毒性：低毒。对人、畜安全，不污染环境。

注意事项：严禁与碱性农药和肥料混用。该产品为生物化学类农药，其原料为壳聚糖，其包装物使用后，用清水冲洗几遍即可再重复利用，但不得用于食品包装或与人体接触的物品包装。

13. 香菇多糖

其他名称：菇类蛋白多糖。

作用特点：该药为生物制剂，为预防型抗病毒剂，对病毒起抑制作用的主要成分是食用菌菌体代谢所产生的蛋白多糖。蛋白多糖用作抗病毒剂在国内为首创，制剂内含有丰富的氨基酸，因此施药后不仅抗病毒还有明显的增产作用。香菇多糖对植物病毒病的作用机制尚在研究阶段，可能作用机制是其封闭病毒的侵染位点，使病毒失去和细胞微伤口感受点结合的能力，因而病毒的侵入被降低或被阻止，还能抑制病毒在植物体内的复制。

毒性：低毒。

注意事项：避免与酸性物质、碱性物质混用。配药时必须用洁净的清水，现配现用，配好的药剂不可贮存。

14. 几丁聚糖

其他名称：甲壳素、海力源。

作用特点：该药是从海洋生物甲壳中提取，经降解而成。作用机制是改变病原菌细胞膜的结构和功能，从而抑制其生长，提高作物的防病、抗病等免疫功能。

毒性：低毒。对环境生物毒性较低，在环境中易于降解，无污染，无风险。

注意事项：不能与呈碱性的农药等物质混合使用。

15. 葡聚烯糖

其他名称：引力素、小露珠。

作用特点：一种新型的植物诱导剂。作为外源诱导因子可以诱导植物产生能杀灭病原菌的植保素，减少多种作物病害的发生；还可作为生长调节因子有效促进植物生长、分枝、开花、结果等各项代谢活动，提高作物产量；可以诱导作物系统获得抗病性的激发因子，表现特有的生物学活性；可以释放一种信号，刺激诱导作物体产生抗性。葡聚烯糖还可用于农作物的贮存，延长蔬菜果品的保鲜期，并能保持果实原有风味。同时，其对作物病原菌有直接的杀灭作用。

毒性：低毒。

注意事项：不可与强酸、碱类物质混合。

16. 混合脂肪酸

其他名称：83增抗剂、耐病毒诱导剂。

作用特点：为抗病毒诱导剂，具有诱导植物抗病和刺激作物生长的双重作用，可有效防治烟草花叶病毒。

毒性：低毒。

残留情况：蔬菜上使用后无残留。

注意事项：不可与强酸、强碱性物质混用。

17. 斜纹夜蛾性诱剂诱芯

作用特点：只针对目标昆虫，高度专一；高挥发性气味，极度敏感，不直接接触植物，对环境、动植物完全无害，无抗药性；精确地确定害虫发生的地点和范围；有助于提出合适的害虫防治措施；经济、省时、高效，操作简单。

生态毒性：对人、动物、植物无毒。

注意事项：由于性信息素只针对目标昆虫，高度专一，安装不同种类害虫诱芯时需洗手，以免影响性信息素功效。诱捕器安装的位置、高度及气流情况会影响诱捕效果。性信息素引诱的是成虫，所以诱捕应在低密度时开始。性信息素产品易挥发，需在−15 ~ −5 ℃的环境中冷藏。使用时必须剪开诱芯靠下的封口。

18. 绿盲蝽性信息素

作用特点：本品属于昆虫信息素类产品，是天然昆虫源物质的仿生合成物，只对害虫绿盲蝽雄虫有诱集作用，用于诱捕雄性绿盲蝽。

注意事项：使用时掌握使用时间，成虫扬飞前使用，宁早勿晚。本品不可单独使用，须与配套诱捕器配合使用，才可达到诱捕防治效果。一般每隔4~7天及时清理诱捕器内死虫，或根据实际诱虫量及时清理诱捕器内的死虫。挥散芯产品每4周更换一次。更换不同挥散芯产品时需要戴手套或用肥皂洗手，避免不同产品间相互影响。

（四）植物源农药

1. 赤霉酸

其他名称：赤霉素。

作用特点：广谱性植物生长调节剂，是促进植物生长发育的重要激素之一，是多效唑、矮壮素等生长抑制剂的拮抗剂。该药可促进细胞生长、茎伸长，叶片扩大、单性结实、果实生长，打破种子休眠，改变雌雄花比率，影响开花时间，减少花、果的脱落。外源赤霉素进到植物体内，具有内源赤霉素同样的生理功能。赤霉素主要经叶片、嫩枝、花、种子或果实进入植株体内，然后传导到生长活跃的部位起作用。

毒性：低毒。

残留情况：在水溶液或水-乙醇溶液中会缓慢水解，半衰期（20 ℃）约14天（pH3～4）。

注意事项：本品在偏酸和中性溶液中稳定，勿与碱性物质混用。在使用前现配现用，勿将本品一次性稀释至使用浓度。

2. 苦参碱

其他名称：苦参素、蚜螨敌。

作用特点：广谱性植物杀虫剂，是由中草药植物苦参的根、茎、叶、果实经乙醇等有机溶剂提取制成的一种生物碱，为天然植物性农药。害虫一旦接触药剂，即麻痹神经中枢，继而使虫体蛋白凝固，堵死虫体气孔，使虫体窒息死亡。对人、畜低毒，杀虫广谱，具有触杀、胃毒作用，对多种作物上的菜青虫、蚜虫、红蜘蛛等害虫均有较好的防效。

毒性：低毒。

残留情况：有弱蓄积性。

注意事项：严禁与碱性农药混用。如作物用过化学农药，5天后方可施用此药，以防酸碱中和影响药效。

3. 蛇床子素

作用特点：低毒植物源杀菌剂，作用机制为影响真菌细胞壁的生长导致菌丝大量断裂。

毒性：对鱼低毒，对蜜蜂、鸟高毒，对家蚕剧毒。

注意事项：使用时建议远离蜂场、蚕室等地区。不可与呈碱性的农药等物质混合使用。

4. 低聚糖素

化学名称：寡聚半乳糖醛酸。

作用特点：特殊的低聚糖，它在植物体内作为信号分子调节植物生长、发育和在环境中的生存能力。低聚糖素即植物或寄生物水解酶从植物或病原真菌细胞壁多糖分解出来的导致寄主植物过敏反应的活性激发子，诱导植株合成、积累抗毒素。

毒性：低毒。0.4%低聚糖素水剂对人、畜、植物无害。

残留情况：0.4%低聚糖素水剂无残留。

注意事项：不可与强酸、强碱性物质混用。施药期间应避免对周围蜂群的影响，禁止在开花植物花期、蚕室和桑园附近使用。赤眼蜂等天敌放飞区域禁用。

5. 鱼藤酮

其他名称：鱼藤、毒鱼藤。

作用特点：植物性杀虫剂，有选择性，无内吸性，见光易分解，在空气中易氧化，在作物上残留时间短，对环境无污染，对天敌安全。该药剂杀虫谱广，对害虫有触杀和胃毒作用。本品进入虫体后迅即妨碍呼吸，从而使害虫死亡。该药剂能有效地防治蔬菜等多种作物上的蚜虫，安全间隔期为3天。

毒性：中等毒。

残留情况：残效期一般5～6天，夏天仅2～3天。

注意事项：本品遇光、空气、水和碱性物质会加速氧化，失去药效，不要与碱性农药混用，密闭存放在阴凉、干燥、通风处。对家畜、鱼和家蚕高毒，施药时要注意避免药液漂移到附近水池、桑树上。

6. 印楝素

作用特点：该药是从印楝树中提取的植物性杀虫剂，主要分布在种核中，其次在叶中，具有拒食、忌避、内吸和抑制生长发育的作用。对昆虫有拒食、干扰产卵、干扰昆虫变态而使其无法蜕变为成虫、趋避幼虫及抑制其生长发育的作用。对环境、人、畜、天敌比较安全，对害虫不易产生抗药性。

毒性：低毒。

残留情况：植物叶上DT_{50}约17 h，土壤中DT_{50}约25天（DT_{50}表示农药在环境中浓度降解初始浓度一半时所需要的时间）。

注意事项：不能与碱性农药混用。

7. 藜芦碱

其他名称：虫敌、西伐丁。

作用特点：主要存在于百合科藜芦属植物根中。藜芦碱为一系列生物碱的总称，有30种以上，主要成分为瑟瓦定和藜芦定。该产品是以中草药为主要原料经乙醇萃取的植物农药，具有触杀和胃毒作用。其杀虫机制为药剂经虫体表皮或吸食进入消化系统，造成局部刺激，引起反射性虫体兴奋，继而抑制虫体感觉神经末梢，经传导抑制中枢神经而致害虫死亡。药效期长达10天以上。主要用于大田农作物、果林蔬菜病虫害的防治。

毒性：低毒。对人、畜低毒，对环境安全。原药对眼睛有轻微刺激作用，无致突变、致畸和致癌作用。

残留情况：低残留。残留物为藜芦碱。

注意事项：不可与呈强酸性、强碱性的农药等物质混合使用。可与有机磷、菊酯类农药混用，但须现配现用。

8. 除虫菊素

其他名称：除蟲菊酯、天然除虫菊酯、除虫菊素Ⅱ、扑得。

作用特点：为天然除虫菊的提取物，内含除虫菊素Ⅰ、除虫菊素

Ⅱ、瓜菊素Ⅰ、瓜菊素Ⅱ、茉莉菊素Ⅰ和茉莉菊素Ⅱ。除虫菊素的杀虫谱广，既有较高的胃毒作用，对咀嚼式口器害虫有特效；又有强烈的触杀作用，主要用于防治刺吸式口器害虫；能对周围神经系统、中枢神经系统及其他器官组织同时起作用，延长钠离子通道的开放，直至昆虫被击倒而后死亡，且击倒快，对哺乳动物安全，易降解，不污染环境。兼具杀螨活性。

毒性：低毒。

注意事项：除虫菊素见光易分解，喷洒最好选在傍晚进行。除虫菊素不能与石硫合剂、波尔多液、松脂合剂等碱性农药混用。商品制剂需在密闭容器中保存，避免高温、潮湿和阳光直射。除虫菊素是强力触杀性药剂，施药时药剂一定要接触虫体才有效，否则效果不好。

9. 烟碱

其他名称：尼古丁。

作用特点：吡啶型生物碱。对害虫有胃毒、触杀、熏蒸作用，并有杀卵作用。其主要作用机制是麻痹神经，烟碱的蒸气可从虫体任何部分侵入体内而发挥毒杀作用。

毒性：高毒。

残留情况：烟碱在光和空气影响下迅速分解。

注意事项：烟碱易挥发，必须密闭存放，配成的药液应立即使用。由于烟碱对人高毒，所以配药或施药时都应注意防护。

10. 苦皮藤素

其他名称：绿得意。

作用特点：该药属植物源农药。作用机制独特，主要作用于昆虫消化道组织，破坏其消化系统正常功能，导致昆虫进食困难，饥饿而死。该药不易产生抗性和交互抗性。具有较强的胃毒作用，可有效防治菜青虫、小菜蛾、槐尺蠖等鳞翅目幼虫。

毒性：微毒。对哺乳动物低毒和对非靶标生物安全。

残留情况：在土壤中易降解，难水解、光解、淋溶、移动、挥发，轻度生物蓄积。

注意事项：不宜与碱性农药混用。在害虫发生初期、虫龄较小时用药，效果更佳。

11. 桉油精

其他名称：桉树脑、桉叶素、桉树醇、蚊菌清。

作用特点：一种新型植物源杀虫剂，以触杀作用为主，具有高效、低毒等特点。其有效成分能直接抑制昆虫体内乙酰胆碱酯酶的合成，阻碍神经系统的传导，干扰虫体水分的代谢而导致死亡。

毒性：低毒。

注意事项：不能与波尔多液等碱性农药混用。

12. 丁子香酚

其他名称：灰霜特。

作用特点：该药是从丁香等植物中提取杀菌成分，辅以多种助剂研制而成的新型低毒杀菌剂。属植物源农药，通过改善病菌生长的环境，抑制病菌孢子蛋白的合成，从而达到杀菌的目的。对人、畜及环境安全。

毒性：对鱼和鸟低毒，对禽类为中等毒，对环境生物为害较低。

注意事项：不能与碱性农药、肥料混用；存放于阴凉处。

13. 大黄素甲醚

其他名称：朱砂莲乙素、非斯酮。

作用特点：是从中草药蓼科植物大黄的根、茎中提取的一种植物源农药。该成分是一种植物次生代谢产物，具有防治植物病害的作用。大黄素甲醚属植物源农药，具有内吸性。其作用机制主要为抑制细菌的糖及糖代谢中间产物的氧化、脱氢，抑制蛋白质和核酸的合成。

毒性：低毒。

残留情况：在土壤中易降解。

注意事项：不要与碱性物质混用。制剂在田间使用时需避开蚕桑栽培区、蜂源植物及鸟类。

14. 香芹酚

其他名称：真菌净。

作用特点：是由多种中草药经提取加工而成的植物农药，具有较强的抗菌作用，抗真菌能力尤为突出。不污染环境，对天敌安全。

毒性：低毒。

注意事项：勿与强碱性药物、各类助剂混合使用。

15. 小檗碱

其他名称：黄连素。

作用特点：中草药毛茛科黄连和芸香科黄檗等植物中提取的一种黄色生物碱杀菌剂。用作农药，其作用机制为能迅速渗透到植物体内和病斑部位，通过干扰病原菌代谢，而抑制其生长和繁殖，达到控制病情发展和杀菌的目的。

毒性：低毒。

注意事项：不要与化学农药等物质混用。本品如出现沉淀及絮状物，不影响质量及防效。

16. 甾烯醇

作用特点：本品是植物源病毒病抑制剂，活性成分全部来源于植物，对人、畜、环境和作物兼容性好。喷施后，被植物叶片吸收，能够直接抑制病毒复制，具有钝化病毒的作用。同时能够通过诱导寄主产生抗性，间接阻止病毒侵染。

毒性：微毒。

注意事项：不建议与强酸性农药等物质混用。

17. 茶皂素

作用特点：本品是一种纯天然植物提炼而成的杀虫、杀螨剂，高效、广谱、用量少。作用机制为茶皂素通过胃毒作用直接杀灭害虫，同时对害虫具有一定的趋避作用。对人、畜低毒，不污染环境。药效持久，耐雨水冲刷，潮湿天气施药效果更好，对作物无药害。

毒性：低毒。

注意事项：本品每季使用不超过2次。不得与碱性物质混用，不得与含铜杀菌剂混用。对鱼和家蚕有一定毒性，使用时避开水产养殖区和桑园等场所。

18. 螺威

作用特点：本品是从油茶科植物的种子中提取的五环三萜类物

质。易于与血红细胞壁上的胆甾醇结合，生成不溶于水的复合物沉淀，破坏血红细胞的正常渗透性，使细胞内渗透压增加而发生崩解，导致溶血现象，从而杀死软体动物钉螺。

毒性：低毒。

残留情况：在自然环境中易于降解。

注意事项：该制剂只被批准用于滩涂，不能用于沟渠。使用该药剂后，不可在田中践踏，以免影响药效。

（五）天敌生物

1. 松毛虫赤眼蜂

作用特点：该种天敌昆虫可将卵产在松毛虫、玉米螟等害虫的卵粒内，并以它们为食料最终导致其死亡。通过人工释放，可起到消灭松毛虫、玉米螟等害虫的作用，并且持效期长。能够在当地越冬的松毛虫赤眼蜂，第2年以后仍然会起到控制害虫的作用，长期维持对害虫的防效。在温暖地区这种持效性更长。

毒性：低毒。对人、畜和天敌动物无毒无害。

注意事项：本品为活体生物，不能与触杀性化学农药同时使用。应在非养蚕地区、非相关动物保护区和经过风险评估的地区使用。取回后即释放到田间。放蜂器具要防止阳光直射，放蜂时悬挂于植物叶片背部。放蜂时遇小雨，可冒雨放蜂。如遇大雨停止放蜂，可放在阴凉处平摊放置，雨停后立即放蜂。矮小植株放蜂器具尽量放在植株上部，高大植株放蜂器具放在植株中上部。

2. 平腹小蜂

其他名称：蝽蝶神蜂。

作用特点：荔枝椿象卵期的主要寄生性昆虫。

毒性：微毒。

3. 丽蚜小蜂

作用特点： 温室白粉虱的专性寄生天敌昆虫。丽蚜小蜂在温室中通常可存活10～15天，成蜂为了获得营养可直接刺吸粉虱若虫的体液而造成粉虱死亡，并可在粉虱 3～4龄若虫体内产卵寄生，到粉虱若虫

4龄后因丽蚜小蜂卵发育快而引起粉虱死亡。丽蚜小蜂成虫活泼，搜寻粉虱的能力强，扩散半径可达100 m以上，故在温室内放入丽蚜小蜂可有效地防治温室白粉虱，并且无公害、无污染。

剂型：因制作蛹卡形式不同，分为卡片式蛹卡、书本式书本卡和袋卡等。

毒性：对人、畜和天敌无毒无害，无残留，不污染环境。

注意事项：蛹卡的贮存温度在11～13 ℃，可贮存20天；黑蛹贮存后2～3天即开始羽化。丽蚜小蜂释放后，在蛹期用农药百菌清、乙膦铝、硫菌灵（托布津）、甲霜灵（瑞毒霉）、三唑酮（粉锈宁）等对丽蚜小蜂的羽化影响不大，因此，释放小蜂后，应选择性使用农药。同时，在蛹期使用，仍可达到防治效果。但菊酯类杀虫剂、氧化乐果和乐果可将小蜂全部杀死，应严禁使用。

4. 岭南蚧小蜂

作用特点：岭南蚧小蜂用介壳虫人工扩繁。雌蜂产卵于2龄介壳虫的壳下和未交配的雌介壳虫的体表。未交配的雌介壳虫释放的招引雄介壳虫的性激素对寄生性雌蜂同样也有吸引作用。蜂卵孵化后的幼虫无足，主要吸取介壳虫体内的汁液。介壳虫的各个阶段都可被其寄生。幼虫在介壳虫体内发育一直到化蛹，然后羽化、交配，再继续产卵寄生。其成虫也以介壳虫为食。一只寄生蜂一生平均可杀死30头介壳虫。雌蜂在介壳虫的壳变软准备交配时将卵产于其壳下，随介壳虫个体大小的不同，雌蜂在每头介壳虫身体上可产1～5粒卵不等，平均每天可寄生6头介壳虫。该寄生蜂从卵发育到成虫需12～13天，在有足够食物的情况下，成虫可存活26天左右。因为有介壳虫释放的性激素的吸引，所以其寄生效率较高。但在高温、低温或湿度较低的条件下寄生率会降低。成虫也可取食花蜜，因此蜜源植物有助于其对介壳虫的寄生。

剂型：即将羽化的蛹（以衬有湿纸并装有冰块的盒子或密封的塑料容器包装）。

毒性：对人无过敏或其他有害反应，对哺乳动物无急性或慢性毒性，对眼睛和皮肤无刺激或过敏反应。

注意事项：树龄较小的果园几乎不能给寄生蜂提供庇护场所，因而不适合释放。温度或湿度特别低的条件下也不宜释放。蚂蚁对其防治效果有一定影响。铜制剂和叶面肥对该蜂一般没有影响，但有机磷杀虫剂对其有毒杀作用，一般在有机磷杀虫剂使用至少4周后才可释放。贮存于15～19 ℃隔热的容器中，避免阳光直射。

5. 桃赤蚜蚜茧蜂

作用特点：桃赤蚜蚜茧蜂用桃蚜人工扩繁。雌蜂产卵于蚜虫体内。孵化后的幼虫一直在寄主体内生活，被寄生的蚜虫继续取食并能传播植物病毒。末龄幼虫在蚜虫体内化蛹后，蚜虫变为僵蚜。羽化的成虫通过一小圆孔中爬出。雌蜂一生（约7天）可寄生100～200头蚜虫。蚜虫种群在受到该寄生蜂侵袭后可产生一种报警激素，使其他蚜虫从叶片上滚落或逃离。该寄生蜂可寄生数种蚜虫，特别对桃蚜的寄生效率更高。对棉蚜无控制作用。对个体小、非常分散的蚜虫也具有很强的搜索能力。

剂型：成虫。

毒性：田间使用后对人无过敏或其他有害反应。

注意事项：于5～10 ℃保存，避免阳光直射。购买后在推荐贮存条件下可贮存5天，但立即施用效果更佳。释放该寄生蜂时不能同时使用黄色诱蚜板，但可使用蓝色板。蚂蚁对蚜虫的保护可能影响该蜂的寄生效率。

6. 巴氏钝螨

作用特点：巴氏钝螨用麸皮人工扩繁。成螨产卵于叶背面中脉和侧脉的叶腋处，刚孵化的幼螨不取食。第一若螨、第二若螨及成螨主动移动取食。捕食时以口器刺穿猎物，吸取汁液。随龄期、温度和湿度的不同，每头螨每天可捕食1～5头蓟马幼虫，一生可捕食85头左右。不捕食成虫。该捕食螨可以花粉为食，因此可在蓟马发生之前导进温室，使其建立种群。但在产生花粉较多的作物上，该螨对蓟马的控制效果可能降低，需增加释放量。

剂型：与蛭石的混合物（含10 000～50 000头/L），有时与库库姆卡斯植绥螨及麸皮混合使用。

毒性：可能会引起操作人员的过敏。无其他有害反应。

注意事项：对杀虫药剂和苯并咪唑类杀菌剂敏感，在释放期间禁止使用。在叶片平滑的作物上释放效果最好。贮存温度为15～20 ℃，不宜冷藏，避免阳光直射。在推荐贮存条件下最多可保存5天。

7. 白翅小花蝽

作用特点：白翅小花蝽用植食性软体昆虫的卵、幼虫、若虫或成虫人工扩繁。从若虫到成虫的各个阶段均能捕食小型昆虫，同时也捕食其他的花蝽科昆虫和一些天敌昆虫。成虫的飞行能力相当强，而且很容易找到寄主。

剂型：成虫，含有运输过程中所需的食物。

毒性：对人无过敏或其他有害反应。

注意事项：在农药的有效期内禁止释放。环境温度在22 ℃左右时效果好。贮存于5～10 ℃，避免阳光直射，购买后应尽快释放。

8. 斑腹刺益蝽

作用特点：若虫和成虫均可捕食害虫的卵和低龄幼虫。斑腹刺益蝽移动性强，可有效捕食鳞翅目和鞘翅目害虫。

剂型：盒装的各龄期的若虫（主要为3龄或4龄），或盒装的成虫和纸屑的混合物，每盒100头。

毒性：对人无过敏或其他有害反应。

注意事项：在生长季节的早期不宜释放。对大多数常用杀虫药剂敏感，禁止在农药的有效期内释放。可于8~10 ℃黑暗条件下贮存3天。

9. 食蚜瘿蚊

作用特点：食蚜瘿蚊主要以棉蚜或其他蚜虫进行人工扩繁，也常用甜椒、茄子或大豆饲养的桃蚜或豆蚜繁殖。成虫多于晚上或黄昏出来活动，如交配、产卵等；白天一般隐藏在作物叶片背面或近地面的蜘蛛网下。捕食蚜虫时，先将一种麻痹毒素注入蚜虫体内，使其体内的物质溶解（不到10 min）后再吸食。随着幼虫生长，对蚜虫的捕食量也增大。当蚜虫大量存在时，其杀死的蚜虫远远多于被其吃掉的蚜虫。秋季随日照变短和气温降低，食蚜瘿蚊的老熟幼虫钻入地下2 cm

处结茧进入滞育。在温室中可通过补充照明（60 W/200 m^2）而避免其滞育。一头食蚜瘿蚊在整个幼虫阶段可捕食10～100头蚜虫。其最佳捕食温度为19～28 ℃。成虫以蜜露为食。雌蚊具有很强的搜索能力，能很容易地找到被蚜虫为害的植株。蚜虫种群数量越大越适合其产卵，从而能使瘿蚊迅速扩散到整个温室。

剂型：瓶装的蛹与蛭石的混合物，裹以潮湿的棉花。也有成虫出售。

毒性：食蚜瘿蚊对人、畜无毒无害，不为害其他天敌昆虫，不污染环境。

注意事项：在蚜虫发生初期释放，使食蚜瘿蚊幼虫孵出后即获得食料。在释放的温室和大棚内，不宜再喷洒杀虫剂。购入的食蚜瘿蚊虫盒不能及时使用时，可放在冰箱低温保存。在1 ℃条件下，可保存1个月；在5 ℃条件下，可保存8个月。不要用水管直接给作物喷水，以免将瘿蚊幼虫冲掉。可与其他蚜虫寄生性天敌配合使用。

10. 中华草蛉

其他名称：草蜻蛉、蚜狮。

作用特点：中华草蛉抗逆性和捕食能力强，自然分布区域广。中华草蛉成虫捕食叶螨及鳞翅目害虫的卵，对蚜虫的捕食不如其幼虫。幼虫的活动力很强，捕食范围广，包括蚜虫、粉虱，以及多种鳞翅目害虫的低龄幼虫和卵，如地老虎、棉铃虫、斜纹夜蛾等。中华草蛉幼虫对柑橘全爪螨的捕食量在整个幼虫期为1 013～2 381头，平均为1 435头；对麦蚜的捕食量为71～165头，平均为138头；对橘蚜的捕食量为164～673头，平均为349头。据研究，中华草蛉幼虫对猎物有较强选择性，其喜食的顺序是棉蚜＞棉铃虫卵＞棉铃虫初孵幼虫。中华草蛉成虫的寿命春季为50～60天，夏季为30～40天，雌虫寿命比雄虫长。

剂型：成虫、幼虫、卵箔。

毒性：中华草蛉对人、畜和天敌动物无毒、无害，无残留，也不污染环境。

注意事项：草蛉的释放主要在保护地的温室、大棚内进行。有条件的果园也可应用，但释放量应适当增加。

购入不同剂型的草蛉，均应及时释放，尽可能避免贮藏。释放时要注意均匀分布，保证防效。在释放草蛉后，不宜再用杀虫剂喷施。

11. 七星瓢虫

其他名称：花大姐、麦大夫、豆瓣虫。

作用特点：每年发生世代数因地区不同而异。七星瓢虫成虫寿命长，平均77天，以成虫和幼虫捕食蚜虫、叶螨、白粉虱、玉米螟、棉铃虫等的小幼虫和卵。七星瓢虫捕食量的大小与气温和猎物密度有关。以捕食蚜虫为例，在猎物密度较低时，捕食量随密度上升而呈指数增长；在密度较高时，捕食量则接近极限水平。气温高的条件下，影响七星瓢虫和猎物的活动能力，捕食率提高。据统计，七星瓢虫对烟蚜的平均日取食量为：1龄10.7头，2龄33.7头，3龄60.5头，4龄124.5头，成虫130.8头。七星瓢虫在近80天的生命期可取食上万头蚜虫。

剂型：成虫、蛹筒、幼虫筒、卵液。

毒性：七星瓢虫对人、畜和天敌动物无毒、无害，无残留，不污染环境。

注意事项：购入不同剂型的七星瓢虫后，应及时释放到田间。释放后要进行田间调查，瓢蚜比过低时，应酌情补放。

12. 异色瓢虫

作用特点：用螟蛾卵或蚜虫人工扩繁。幼虫在气温高于11～12 ℃时活动频繁。在食物缺乏时，幼虫会自相残杀。成虫不取食也可以存活几天。整个幼虫阶段和成虫均可捕食蚜虫，也可以取食介壳虫和鳞翅目昆虫的卵。该瓢虫移动性很强，可在很大范围内搜寻寄主，迅速控制蚜虫的数量，其速度与使用化学农药相当。

剂型：盒装的幼虫，并带有食物（一般为粉螟卵）以供运输过程中取食。

毒性：对人无过敏或其他有害反应。

注意事项：释放前和释放后的1个月内避免喷洒农药。幼虫贮存于阴凉黑暗处，避免阳光直射。

13. 集栖瓢虫

作用特点： 集栖瓢虫成虫交配后于叶背产大量成簇的橙色卵，孵化后的幼虫为黑色带有橙色斑点。幼虫和成虫均可捕食蚜虫。1头瓢虫在幼虫期可捕食约400头蚜虫，成虫期可捕食约5 000头。集栖瓢虫是一种非常有效的多食性昆虫，在气温较低时捕食效率更高，移动性也很强。但刚羽化的成虫需取食花蜜或花粉以补充营养，如果田间没有，则需人工提供。

剂型： 野外采集的成虫，装于盛有锯末的盒中。

毒性： 对人无过敏或其他有害反应。

注意事项： 释放前和释放后的1个月内避免喷洒农药。于冰箱中可冷藏3个月，避免阳光直射。如果在室温下保存，不应超过2天。

14. 芫菁夜蛾线虫

其他名称： 斯氏线虫、小卷蛾线虫。

作用特点： 杀死害虫的机制是侵入幼虫或蛹内进行繁殖，并带入一种共生细菌（嗜线虫无色杆菌）产生毒素，引起害虫产生败血症，发育受阻而死亡。一般只需30～48 h就可以杀死害虫。

剂型： 1亿条活线虫泡沫塑料吸块袋。

毒性： 对人、畜安全，不杀伤天敌，无残留，不污染环境。

注意事项： 施药应选在高温条件下进行，一般以20～30 ℃为宜，防治效果更好。本剂对高温、干燥和紫外线敏感，应现配现用，不宜在水中浸泡时间过长，以防浸死线虫。因本剂为活体生物制剂，应在阴凉低温（10 ℃左右）处保存。